TURING

图灵教育

站在巨人的肩上

Standing on the Shoulders of Giants

U0276733

TURING

图灵教育

站在巨人的肩上
Standing on the Shoulders of Giants

TURING 图灵程序设计丛书

量子计算机编程：从入门到实践

Programming Quantum Computers

[美] 埃里克·R. 约翰斯顿　[英] 尼古拉斯·哈里根 著
[西] 梅塞德丝·希梅诺–塞戈维亚

郑明智 译

Beijing · Boston · Farnham · Sebastopol · Tokyo

O'Reilly Media, Inc.授权人民邮电出版社出版

人民邮电出版社

北　京

图书在版编目（CIP）数据

　　量子计算机编程：从入门到实践 ／（美）埃里克·
R. 约翰斯顿，（英）尼古拉斯·哈里根，（西）梅塞德丝·
希梅诺-塞戈维亚著 ；郑明智译. -- 北京 ： 人民邮电出
版社，2021.7
　　（图灵程序设计丛书）
　　ISBN 978-7-115-56635-5

　　Ⅰ．①量… Ⅱ．①埃… ②尼… ③梅… ④郑… Ⅲ.
①量子计算机－程序设计 Ⅳ．①TP385

　　中国版本图书馆CIP数据核字(2021)第111549号

内 容 提 要

　　量子计算被誉为下一代编程范式。随着一些量子计算平台和模拟器向公众开放，普通程序
员也可以尝试编写量子计算程序，感受前沿科技的无穷魅力。本书不会解释晦涩的量子力学理
论，而会采用直观的圆形表示法描绘量子比特，并从实践角度展示如何编写有趣的量子计算程序。
通过本书提供的在线实验室网站，你可以动手运行书中的 JavaScript 示例代码。全书分为四大
部分，分别介绍量子计算机编程的核心概念、原语、应用和发展趋势。你将了解量子隐形传态、
量子算术运算、量子傅里叶变换和量子相位估计等知识，以及量子搜索、量子超采样、量子机
器学习等高级主题。

　　本书适合对量子计算感兴趣的程序员阅读。快来跟随本书开始使用量子计算机吧！

　◆　著　　　　　[美] 埃里克·R. 约翰斯顿
　　　　　　　　　[英] 尼古拉斯·哈里根
　　　　　　　　　[西] 梅塞德丝·希梅诺－塞戈维亚
　　　译　　　　　郑明智
　　　责任编辑　　谢婷婷
　　　责任印制　　周昇亮
　◆　人民邮电出版社出版发行　　北京市丰台区成寿寺路11号
　　　邮编　100164　　电子邮件　315@ptpress.com.cn
　　　网址　https://www.ptpress.com.cn
　　　临西县阅读时光印刷有限公司印刷
　◆　开本：800×1000　1/16
　　　印张：17
　　　字数：402千字　　　　　　　　2021年 7 月第 1 版
　　　印数：1－3 500册　　　　　　　2021年 7 月河北第 1 次印刷
　　　著作权合同登记号　图字：01-2019-7539号

定价：129.80元
读者服务热线：(010)84084456　印装质量热线：(010)81055316
反盗版热线：(010)81055315
广告经营许可证：京东市监广登字 20170147 号

版权声明

O'Reilly Media, Inc.介绍

O'Reilly 以"分享创新知识、改变世界"为己任。40 多年来我们一直向企业、个人提供成功所必需之技能及思想，激励他们创新并做得更好。

O'Reilly 业务的核心是独特的专家及创新者网络，众多专家及创新者通过我们分享知识。我们的在线学习（Online Learning）平台提供独家的直播培训、图书及视频，使客户更容易获取业务成功所需的专业知识。几十年来 O'Reilly 图书一直被视为学习开创未来之技术的权威资料。我们每年举办的诸多会议是活跃的技术聚会场所，来自各领域的专业人士在此建立联系，讨论最佳实践并发现可能影响技术行业未来的新趋势。

我们的客户渴望做出推动世界前进的创新之举，我们希望能助他们一臂之力。

业界评论

"O'Reilly Radar 博客有口皆碑。"

——*Wired*

"O'Reilly 凭借一系列非凡想法（真希望当初我也想到了）建立了数百万美元的业务。"

——*Business 2.0*

"O'Reilly Conference 是聚集关键思想领袖的绝对典范。"

——*CRN*

"一本 O'Reilly 的书就代表一个有用、有前途、需要学习的主题。"

——*Irish Times*

"Tim 是位特立独行的商人，他不光放眼于最长远、最广阔的领域，并且切实地按照 Yogi Berra 的建议去做了：'如果你在路上遇到岔路口，那就走小路。'回顾过去，Tim 似乎每一次都选择了小路，而且有几次都是一闪即逝的机会，尽管大路也不错。"

——*Linux Journal*

目录

第二部分 QPU 原语

第三部分　QPU 应用程序

第四部分　展望

译者序

现在我们常常能看到有关量子的新闻和文章。在科技领域，对量子的研究不断取得新的进展，我国在量子通信领域取得的成就令人欣喜；在文艺领域，科幻作品也乐于使用量子的设定，制造一种出其不意、降维打击的效果（所谓的"遇事不决，量子力学"），量子在《复仇者联盟》《蚁人》等电影中的种种能力非常神奇，推动了剧情的发展。

不过目前量子技术离普通人还比较遥远，日常生活中不太能有机会接触到（"量子波动速读"是骗人的）。但是现在，程序员和程序设计爱好者有机会使用量子计算机抢先体验量子技术的魅力。

本书适合打算率先体验量子计算的读者。同类书多从量子力学知识开始介绍，但就像开发普通的计算机程序不需要从电子的知识开始学习一样，本书直接从量子计算本身的基础知识开始讲起，有效地降低了初学者的学习成本，有助于保持学习热情。

本书首先帮助读者对量子计算机进行正确的定位：量子计算机其实是量子处理单元（QPU），它就像 GPU 一样，不能替代 CPU，但是可以和 CPU 协同工作，从而完成 CPU 做不到的事情。随后，本书介绍了 QPU 编程的核心概念和基本算法，并在此基础上介绍了基于 QPU 开发应用程序的知识，包括著名的舒尔分解算法和量子机器学习算法的应用。第 11 章对量子计算在计算机图形学中的应用所展开的探讨（量子超采样）也让人颇受启发。

本书的一个备受欢迎的特点是提供了配套的量子计算模拟器网站。读者可以直接在模拟器上使用 JavaScript 开发和运行程序，非常有助于理解和实践。

总体来看，本书与众不同、特色鲜明、目标明确、易于阅读。虽然量子计算尚处于早期阶段，也许读者不能立即把从本书学到的知识应用于实际的工作中，但通过阅读本书，读者能够理性看待量子计算的能力，并以阅读本书为契机，对量子计算产生兴趣，甚至参与进来，亲自去推动量子计算的发展：设计和开发出通用的量子编程语言，或者设计量子算法。

量子计算的研究日新月异，想要深入了解的读者不妨关注一下最新的论文和研究报告等。本书也提供了文献指引，读者可以按图索骥，拓展阅读。

由于译者水平有限，书中恐有疏漏和错误之处，还请读者随时指正。

衷心感谢图灵公司的谢婷婷编辑在翻译过程中给予的帮助，她还向我强烈推荐和赠送了介绍量子生物学的英文原版书 *Life on the Edge*。这是一本非常有趣的书，再次表示感谢。感谢同窗好友高云开、张斌对本书的关注。最后，我要感谢一直给我家庭温暖的父母、妻子和儿子，希望家里 7 岁的小朋友也能读一读爸爸翻译的书。

郑明智

2021 年春节于余杭南湖

前言

量子计算机不再是理论上可行的设备。

本书作者认为，一项新技术的最佳用途不一定是由其发明者发现的，而是由领域专家在把它作为新工具用在工作中时发现的。基于这个思路，我们编写了本书，它是一本献给程序员的量子计算技术实用指南。在书中，你将熟悉图 P-1 所示的符号和操作，并学习如何将它们应用到你所关心的问题上。

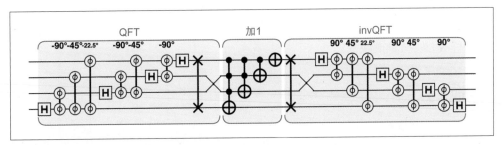

图 P-1：量子程序看起来有点像乐谱

本书结构

要熟悉新的编程范式，一种可靠的方法是学习一组概念原语。比方说，任何学习图形处理单元（graphics processing unit，GPU）编程的人都应该首先掌握并行概念，而不是去了解语法或硬件细节。

本书的核心内容是帮助你理解量子原语——知道如何用量子处理单元（quantum processing unit，QPU）构建可用于解决问题的工具箱。为了帮助你理解量子原语，本书首先介绍量子比特的基本概念（你也可以称之为游戏规则），之后概述一组 QPU 原语，并展示如何将它们作为构建块应用到有用的 QPU 应用程序中。

本书分为四大部分。我们建议你先通过第一部分获得一些实际经验，然后再涉足后面的高级话题。

第一部分　QPU 编程

第一部分介绍 QPU 编程的核心概念，如量子比特、基本指令，以及如何利用量子叠加态甚至量子隐形传态。利用本书提供的示例代码，可以轻松使用模拟器或实际的 QPU 运行程序。

第二部分　QPU 原语

第二部分介绍更高层次上的基本算法和技术细节，内容包括振幅放大、量子傅里叶变换、相位估计。你可以把它们当作在构建应用程序时调用的"库函数"。要成为熟练的 QPU 程序员，了解它们的工作方式是必经之路。有一个活跃的研究社区正致力于开发新的 QPU 原语，所以它的未来可期。

第三部分　QPU 应用程序

QPU 应用程序组合使用第二部分介绍的原语来执行有用的真实任务。QPU 应用程序的发展速度与 QPU 本身一样快。第三部分给出一些现有的应用程序示例。

第四部分　展望

第四部分简要介绍一些之前受限于篇幅还没有讨论的主题。

我们希望你在读完本书后理解量子应用程序能做什么、它们为什么这么强大，以及如何判断哪些问题是它们能解决的。

排版约定

本书使用下列排版约定。

- **黑体**

  表示新术语或重点强调的内容。

- 等宽字体（constant width）

  表示程序片段，以及正文中出现的变量、函数名、数据库、数据类型、环境变量、语句和关键字等。

- 加粗等宽字体（**constant width bold**）

  表示应该由用户输入的命令或其他文本。

- 斜体等宽字体（*constant width italic*）

  表示应该由用户输入的值或根据上下文确定的值替换的文本。

该图标表示提示或建议。

 该图标表示一般性注记。

 该图标表示警告或警示。

使用代码示例

辅助材料（代码示例、练习等）可以从 https://oreilly-qc.github.io 下载[1]。

本书是要帮你完成工作的。一般来说，如果本书提供了示例代码，你可以把它用在你的程序或文档中。除非你使用了很大一部分代码，否则无须联系我们获得许可。比如，用本书的几个代码片段写一个程序就无须获得许可，销售或分发 O'Reilly 图书的示例光盘则需要获得许可；引用本书中的示例代码回答问题无须获得许可，将书中大量的代码放到你的产品文档中则需要获得许可。

我们很希望但并不强制要求你在引用本书内容时加上引用说明。引用说明一般包括书名、作者、出版社和 ISBN，比如 "*Programming Quantum Computers* by Eric R. Johnston, Nicholas Harrigan, and Mercedes Gimeno-Segovia (O'Reilly). Copyright 2019 Eric R. Johnston, Nicholas Harrigan, and Mercedes Gimeno-Segovia, 978-1-492-03968-6"。

如果你认为自己对代码示例的用法超出了上述许可的范围，欢迎你通过 permissions@oreilly.com 与我们联系。

O'Reilly在线学习平台（O'Reilly Online Learning）

O'REILLY® 40 多年来，O'Reilly Media 致力于提供技术和商业培训、知识和卓越见解，来帮助众多公司取得成功。

我们拥有独一无二的庞大网络，该网络由专家和革新者组成，他们通过图书、文章、会议和我们的在线学习平台分享知识和经验。O'Reilly 在线学习平台让你能够按需访问现场培

注 1：也可以从图灵社区下载：ituring.cn/book/2692。——编者注

训课程、深入的学习路径、交互式编程环境，以及 O'Reilly 和 200 多家其他出版商提供的大量文本资源和视频资源。更多信息，请访问 https://oreilly.com。

联系我们

请把对本书的评价和问题发给出版社。

美国：

> O'Reilly Media, Inc.
> 1005 Gravenstein Highway North
> Sebastopol, CA 95472

中国：

> 北京市西城区西直门南大街 2 号成铭大厦 C 座 807 室（100035）
> 奥莱利技术咨询（北京）有限公司

O'Reilly 的每一本书都有专属网页，你可以在那儿找到书的相关信息，包括勘误表[2]、示例代码以及其他信息。本书的网页地址是 http://shop.oreilly.com/product/0636920167433.do。

对于本书的评论和技术性问题，请发送电子邮件到 bookquestions@oreilly.com。

要了解 O'Reilly 的更多图书、培训课程、会议和新闻，请访问以下网站：http://www.oreilly.com

我们在 Facebook 的地址如下：http://facebook.com/oreilly

请关注我们的 Twitter 动态：http://twitter.com/oreillymedia

我们的 YouTube 视频地址如下：http://www.youtube.com/oreillymedia

致谢

如果没有一支对量子计算充满热情的天才团队给予支持，本书是不可能面世的。我们要感谢 Michele、Mike、Kim、Rebecca、Chris 和 O'Reilly 的技术团队，感谢他们的支持和鼓励。如果本书有错误和疏漏，责任都在本书作者。我们诚挚地感谢本书的技术审校人，他们的宝贵意见使我们受益匪浅。他们是 Konrad Kieling、Christian Sommeregger、Mingsheng Ying（应明生）、Rich Johnston、James Weaver、Mike Shapiro、Wyatt Berlinic、Isaac Kim。

EJ 想感谢他的女神 Sue。在他们相遇的那一周，量子计算对他才有了意义。EJ 还要感谢他在布里斯托大学的朋友，他们总是鼓励 EJ 不要循规蹈矩。

注 2：本书中文版的勘误请到 ituring.cn/book/2692 查看和提交。——编者注

Nic 感谢 Derek Harrigan 第一个教会他二进制，还有 Harrigan 家族的其他人给他的爱和支持。感谢 Shannon Burns 接受他的求婚，成为 Harrigan 家族的准成员。

Mercedes 感谢 José María Gimeno Blay 在很早以前激发了她对计算机的兴趣，还要感谢 Mehdi Ahmadi 一直以来给予的支持和灵感。

尽管有些陈词滥调，但我们最想感谢作为读者的你。感谢你对学习新知识的冒险精神，感谢你捧起本书。

电子书

扫描如下二维码，即可购买本书中文版电子版。

第 1 章

入门

不管你是软件工程、计算机图形学、数据科学等方面的专家，还是充满好奇心的计算机爱好者，我们都希望你能通过本书开始使用量子计算机，并了解如何发挥量子计算的潜力。

为了实现上述目标，本书不会详细解释量子物理（量子计算的底层定律）和量子信息理论（这些定律如何决定我们处理信息的能力），而会提供示例代码，帮助你深入理解量子计算这一令人兴奋的新技术及其用途。最重要的是，你可以调整和修改本书提供的示例代码。这样做可以让你以最有效的方式学习：亲自动手实践。在这个过程中，我们会在必要时解释核心概念，但只会点到为止，目的是帮助你编写量子计算程序，而不是精通量子力学。

我们有一个微不足道的愿望：感兴趣的读者或许能够运用这些知识，在连物理学家可能都没有听说过的领域应用和拓展量子计算技术。诚然，希望帮助引发量子革命，这个愿望绝对不算微不足道，但是成为先驱者无疑令人兴奋。

1.1 所需背景

理解量子计算背后的物理学需要大量的数学知识，晶体管背后的物理学也是如此，但学习 C++ 连一个物理方程都不需要涉及。本书采取所谓的**以程序员为中心**的方法，避开任何艰深的数学知识。下面简要列出有助于理解书中概念的知识点。

- 熟悉程序控制结构，例如 if、while 等。本书使用 JavaScript 提供对可以在线运行的示例的轻量级访问。如果你对 JavaScript 还不熟悉，但是有一些编程经验，那么或许能在一小时之内就掌握阅读本书所需的知识。有关 JavaScript 的全面介绍，请参见 Ethan Brown 的《JavaScript 学习指南（第 3 版）》。

- 掌握程序员应该了解的一些相关的数学知识，它们是必需的：
  - 理解数学函数的用法；
  - 熟悉三角函数；
  - 熟练地操作二进制数以及在二进制表示和十进制表示之间相互转换；
  - 理解复数的基本含义。
- 对如何评估算法的计算复杂度（大 O 记法）有最基本的理解。

书中超出上述要求的部分是第 13 章，其中将研究量子计算在机器学习中的一些应用。篇幅所限，那一章仅概述每种机器学习应用，并展示量子计算机在其中有何优势。尽管我们试图使内容通俗易懂，但是如果读者具备一些机器学习背景，在付诸实践时将有更大的收获。

本书的侧重点是量子计算机编程（不是构建或研究量子计算机），这就是你在阅读本书时不需要了解高等数学和量子理论的原因。不过，对于有兴趣进一步探索这个主题的读者来说，第 14 章提供了很好的参考，并将书中介绍的概念与量子计算研究界常用的数学符号联系起来。

1.2　何谓QPU

尽管人们经常谈及"量子计算机"，但这个词具有误导性。它让人联想到一种全新的计算机，并且这种计算机使用极具未来感的某种东西替代现有的一切软件。

在我们编写本书时，这是对量子计算机的一个很大却很常见的误解。量子计算机的前景并不在于它是"传统计算机杀手"，而在于它能够极大地扩展计算机处理的问题种类。一些重要的计算问题很容易在量子计算机上进行运算，而这在任何标准计算设备上都是做不到的[1]。

重要的是，这种提升效果只适用于某些问题（后文会具体阐明）。尽管我们预计这样的问题会越来越多，但试图利用量子计算机解决所有的计算问题是没有意义的。对于笔记本计算机能够执行的大部分任务，量子计算机未必表现得更好。

换句话说，从程序员的角度来看，量子计算机实际上是**协处理器**。过去，计算机使用了各种各样的协处理器，每一种都各有所长，如进行浮点运算、信号处理和实时的图形渲染。基于这个思路，本书使用**量子处理单元**（quantum processing unit，QPU）来指代运行书中示例代码的设备。我们认为，这个术语强化了量子计算的定位。

注 1：关于这一点，我们常常举这样一个例子：假设可以将传统的晶体管缩小为原子大小，即便要在质因数分解能力上与普通的量子计算机相当，传统计算机的体积也得有仓库那么大。此外，这台传统计算机中的晶体管将组装得如此密集，以至于产生一个引力奇点。引力奇点使得计算非常困难，更别说这样的传统计算机能否真的存在。

与**图形处理单元**（graphics processing unit，GPU）等其他协处理器一样，对 QPU 的编程需要程序员编写代码，这些代码主要在普通计算机的**中央处理器**（central processing unit，CPU）上运行。CPU 向 QPU 协处理器发送指令，只为启动与其处理能力相匹配的任务。

1.3 动手实践

本书的核心是能够动手实践的示例代码。但是在编写本书时，还不存在成熟通用的 QPU，那么该如何运行本书中的代码呢？幸运的是，在编写本书时，已经有了一些可通过云端访问和使用的原型 QPU，这令人兴奋。此外，对于较小的问题，可以在传统计算机上**模拟** QPU 的表现。尽管无法模拟大型 QPU 程序，但对于简短的代码片段来说，这是一种学习如何控制实际 QPU 的简便方法。本书中的示例代码符合上述要求，并且即便以后出现更复杂的 QPU，这些代码也将保持可用性和教学性。

目前有许多可用的 QPU 模拟器、库和系统。你可以在 http://oreilly-qc.github.io 上找到一份列表，其中列出了几个具有良好支持的系统。在该网页上，我们以多种编程语言提供了本书的示例代码。不过，为了避免书中出现过多的代码，我们仅在本书中列举用于 QCEngine 的 JavaScript 示例。QCEngine 是免费的在线量子计算模拟器，利用它，用户可以在浏览器中运行示例代码，无须额外安装任何软件。QCEngine 由本书作者开发，初衷是自用，现在作为本书的配套工具使用。QCEngine 对我们特别有用，这不仅因为它无须下载任何软件即可运行，还因为它集成了我们在整本书中用作可视化工具的**圆形表示法**。

QCEngine入门

由于我们将大量使用 QCEngine，因此值得花点时间来了解这个模拟器的用法。你可以在 http://oreilly-qc.github.io 上找到它。

1. 运行代码

如图 1-1 所示，利用 QCEngine 的 Web 界面，能够轻松地实现所需的各种可视化效果。只需在 QCEngine 的代码编辑器中输入代码，即可生成图像。

要运行本书中的示例代码，请从代码编辑器顶部的下拉列表中选择它，然后单击"运行程序"（Run Program）按钮。在屏幕上将出现一些新的交互式界面元素，用于将代码的运行结果可视化，如图 1-2 所示。

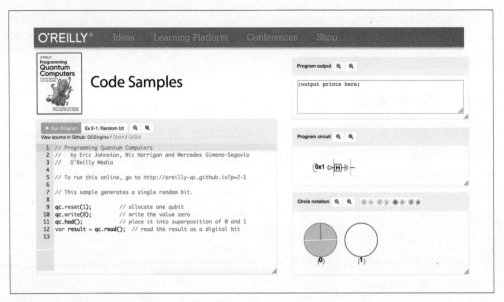

图 1-1：QCEngine 的 Web 界面

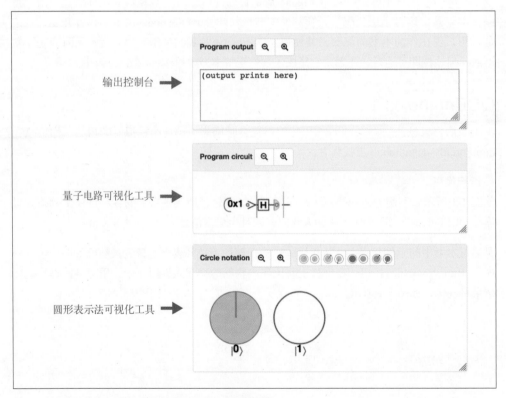

图 1-2：用于可视化 QPU 结果的 QCEngine 界面元素

量子电路可视化工具

该界面元素用可视化方式表示代码所代表的量子电路。第 2 章和第 3 章会介绍量子电路所用的表示符号。可以通过它交互式地单步执行程序。

圆形表示法可视化工具

该界面元素以圆形表示法将 QPU（或模拟器）寄存器可视化。第 2 章会解释如何理解和使用圆形表示法。

输出控制台

输出控制台用于显示通过命令 qc.print() 打印的任何文本（用于调试）。使用标准的 JavaScript 函数 console.log() 打印的任何内容仍将在 Web 浏览器的 JavaScript 控制台上输出。

2. 调试代码

调试 QPU 程序有一定的难度。要理解程序背后的逻辑，最简单的方法通常是慢慢地单步执行，同时查看每个步骤的可视化效果。将鼠标悬停在量子电路可视化工具上，应该会看到一条橙色竖线出现在固定位置，此时若移动鼠标，还会看到一条灰色竖线跟随鼠标移动。橙色竖线表示圆形表示法可视化工具当前显示的信息在量子电路及程序中的位置。它默认在程序的结束位置，但是通过单击量子电路的其他部分，可以让圆形表示法可视化工具显示程序中单击处的 QPU 配置情况。来看一个例子，图 1-3 显示了当在默认 QCEngine 程序的两个步骤之间切换时，圆形表示法可视化工具的变化情况。

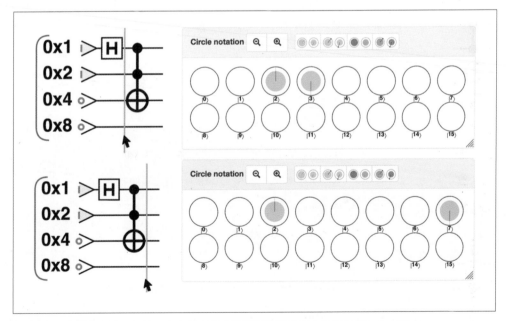

图 1-3：使用量子电路可视化工具和圆形表示法可视化工具单步执行 QCEngine 程序

用过 QPU 模拟器后,你可能会忍不住开始摆弄它。请尽管尝试!在第 2 章中,我们会看到越来越复杂的 QPU 程序。

1.4　原生QPU指令

可以用多种工具运行和检查 QPU 代码,QCEngine 就是其中之一。可是,QPU 代码究竟是什么样的呢?通常使用传统的高级语言来控制低级 QPU 指令(我们已经在基于 JavaScript 的 QCEngine 中看到过例子)。本书将带你在高级语言和低级指令间穿梭。一方面,学习真正的量子计算机级的 QPU 编程有助于掌握全新的 QPU 基本逻辑;另一方面,了解如何通过 JavaScript、Python、C++ 等更高级的传统编程语言执行这些操作,有助于掌握更务实的编码范式。对专用、新的量子编程语言的定义仍在火热进行中。本书不会过多地阐述这个话题,若对此感兴趣,请参阅第 14 章。

为了满足你的好奇心,表 1-1 列出了一些基本的 QPU 指令。后文将详细地解释其中每一条指令。

表1-1:基本的QPU指令集

符　号	名　　称	用　　法	描　　述
⊕	NOT 或 X	qc.not(t)	逻辑非
● ⊕	CNOT	qc.cnot(t, c)	受控非:if (c) then NOT(t)
● ● ⊕	CCNOT(托佛利门)	qc.cnot(t, c1|c2)	控−控−非:if (c1 AND c2) then NOT(t)
H	HAD	qc.had(t)	阿达马门
φ	PHASE	qc.phase(angle, c)	相对相位旋转
φ 180°	Z	qc.phase(180, c)	相对相位旋转 180°
φ 90°	S	qc.phase(90, c)	相对相位旋转 90°
φ 45°	T	qc.phase(45, c)	相对相位旋转 45°
φ φ	CPHASE	qc.cphase(angle, c1|c2)	条件相位旋转
● |	CZ	qc.cphase(180, c1|c2)	条件相位旋转 180°

符 号	名 称	用 法	描 述
─⊃	READ	val = qc.read(t)	读取量子比特，返回数值
○─	WRITE	qc.write(t, val)	将传统数据写为量子比特
─√─	RNOT	qc.rootnot(t)	ROOT-of-NOT 运算
✳✳ ╳	SWAP 或 EXCHANGE	qc.exchange(t1|t2)	交换 2 个量子比特
✳✳ ╳	CSWAP	qc.exchange(t1|t2, c)	条件交换：if (c) then SWAP(t1, t2)

具体的指令和时序取决于 QPU 的品牌和架构。不过，表 1-1 中的是一组基本指令，应该在所有 QPU 中都可用。这些指令构成了 QPU 编程的基础，就像 MOV 和 ADD 这样的指令之于 CPU 程序员一样。

1.4.1　模拟器的上限

尽管模拟器在运行小型 QPU 程序时非常方便，但与真正的 QPU 相比，它们的性能仍然不够强大。衡量 QPU 性能的一个指标是在其上可操作的**量子比特**（qubit）的数量[2]。量子比特就是量子位，稍后会详细说明。

截至本书原版出版之时，测试得出的 QPU 模拟器的世界记录是 51 个量子比特。在实践中，公众可以使用的模拟器和硬件通常能够在停止运行之前处理约 26 个量子比特。

本书中的示例考虑到了上述限制。对量子计算初学者来说，这些示例是很好的着手点。每向示例中添加一个量子比特，都会使运行模拟器所需的内存加倍，速度减半。

1.4.2　硬件的上限

在本书写作之时，实际可用的最大 QPU 硬件大约有 70 个**物理量子比特**（physical qubit），而通过 Qiskit 开源软件开发工具包向公众提供的最大 QPU 包含 16 个物理量子比特[3]。与**逻辑量子比特**（logical qubit）不同的是，这 70 个物理量子比特没有纠错能力，易受干扰，且不稳定。与传统比特相比，量子比特要脆弱得多，与周围环境发生轻微的相互作用，就会令计算出错。

注 2：尽管媒体很喜欢将硬件可以处理的量子比特数作为衡量量子计算机性能的基准，但这样做过于简单化。要想评估 QPU 的真正能力，还需考虑更微妙的因素。

注 3：当本书出版时，这个数字可能会过时！

在使用逻辑量子比特时，程序员无须了解 QPU 硬件即可实现任何教科书介绍的算法，并且不必担心特定的硬件限制。本书专注于用逻辑量子比特编程，书中的示例代码都可以在较小的 QPU 中（比如本书出版时可用的 QPU）运行。忽略物理硬件细节意味着，即使未来硬件进一步发展，你掌握的技能和拥有的经验也仍然极具价值。

1.5　QPU与GPU的共同点

尽管在 Stack Exchange 网站上已经有了关于 QPU 编程的讨论区，但在一种全新的处理器上编程的想法仍会令人望而却步。下面是一些关于 QPU 编程的事实。

- 一个程序完全在 QPU 中运行的情况十分罕见。通常是由在 CPU 上运行的程序发出 QPU 指令，然后获取结果。
- 有些任务非常适合在 QPU 中执行，有些任务则不适合。
- QPU 时钟与 CPU 时钟不同，QPU 往往通过专用的硬件接口连接到外部设备（如光学输出设备）。
- 典型的 QPU 有专用的随机存储器，CPU 不能高效地访问它。
- 简单的 QPU 可以是由笔记本计算机访问的一块芯片，甚至可以只是芯片上的一块区域。更先进的 QPU 可以是昂贵的大型附加设备，并一直需要特殊的冷却措施。
- 即便是简单的类型，早期的 QPU 也有冰箱大小，需要特殊的大电流电源插座。
- 当计算完成时，QPU 向 CPU 返回计算结果的投影，并舍弃大部分内部工作数据。
- QPU 调试可能非常棘手，需要特殊的工具和技术。单步执行一个程序可能很困难，通常最好的方法是更改程序，并观察更改对输出的影响。
- 对一条 QPU 指令的执行速度进行优化可能会拖慢另一条 QPU 指令的执行速度。

虽然听上去似乎不太可能，但这是一个事实：对于上述每一项，都可以用 GPU 替换 QPU，并且表述仍然成立。

可以说，QPU 是具有超能力且与众不同的技术。尽管如此，QPU 编程面临的问题并不新鲜，软件工程师前辈早已遇到过。的确，QPU 编程与传统编程存在一些细微的差别，这些差别是非常新颖的（否则本书就没有存在的必要！），但二者有很多共同点。相信自己，你一定能掌握 QPU 编程！

第一部分

QPU编程

量子比特到底是什么？如何将它可视化？它有什么用处？这些问题都很简短，但是答案很复杂。在第一部分中，我们将通过实践来回答这些问题。第 2 章首先介绍并使用单个量子比特。第 3 章揭示多量子比特系统的复杂性。在这个过程中，我们将遇到许多单量子比特操作和多量子比特操作，并在第 4 章中直接使用这些操作实现量子隐形传态。请记住，在讨论过程中出现的示例代码可以在 QCEngine 模拟器上运行（第 1 章已经介绍过）。

第2章

单个量子比特

传统比特仅有 1 个二进制参数，可以将其初始化为状态 0 或状态 1。尽管二进制的逻辑运算已足够简单，但是我们仍然可以用空心圆和实心圆直观地表示状态值，如表 2-1 所示。

表2-1：用空心圆和实心圆表示传统比特

可能的值	图形表示
0	● ○ 0 1
1	○ ● 0 1

在某种意义上，量子比特与传统比特非常相似：每当读取一个量子比特的值时，总会得到 0 或 1。因此，在读出一个量子比特之后，总是可以像表 2-1 所示的那样来描述它。但是在**读取之前**，量子比特的值并非黑白分明，需要用更复杂的方式来描述。在读取之前，量子比特处于**叠加态**（superposition）。

我们很快就会了解叠加态的含义，但首先来了解一下它的强大作用。请注意，在被读取之前，单个量子比特存在无穷多个叠加态，表 2-2 仅列出了其中的一些。尽管最终读出的值总会是 0 或 1，但如果善用一些技巧，这些可用的额外状态便能帮助我们执行一些非常强大的运算任务。

表2-2：量子比特的一些可能的值

可能的值	图形表示
$\lvert 0\rangle$	$\lvert 0\rangle$ $\lvert 1\rangle$
$\lvert 1\rangle$	$\lvert 0\rangle$ $\lvert 1\rangle$
$0.707\lvert 0\rangle + 0.707\lvert 1\rangle$	$\lvert 0\rangle$ $\lvert 1\rangle$
$0.95\lvert 0\rangle + 0.31\lvert 1\rangle$	$\lvert 0\rangle$ $\lvert 1\rangle$
$0.707\lvert 0\rangle - 0.707\lvert 1\rangle$	$\lvert 0\rangle$ $\lvert 1\rangle$

在表 2-2 中，我们将 0 和 1 分别表示为 $\lvert 0\rangle$ 和 $\lvert 1\rangle$。这种符号被称为**狄拉克符号**（bra-ket notation），通常用于量子计算。一个简单的经验法则是，狄拉克符号中的数字表示在读取时可能会得到的量子比特值。当谈到一个量子比特已被读出的值时，我们只使用数字来表示。

表 2-2 中的前两行展示了与传统比特的状态等价的量子态，其中完全没有出现量子叠加态。在状态 $\lvert 0\rangle$ 下制备的量子比特等价于传统比特 0（在读取时总是给出值 0），在状态 $\lvert 1\rangle$ 下同理。如果永远只是非 $\lvert 0\rangle$ 即 $\lvert 1\rangle$，那么这些仅仅等价于传统比特的量子比特可够昂贵的。

如何才能获得如表 2-2 中后三行所示的那些更奇妙的量子叠加态呢？为了理解量子叠加态，不妨先花上一点点时间思考量子比特到底是什么 [1]。

2.1　物理量子比特概览

一个有助于阐释量子叠加态的例子是单光子。为了说明这一点，让我们先回退一步，假设要使用光子的**位置**来表示传统比特。在图 2-1 所示的设备中，带开关的镜子（可以通过开关调整为反射镜或透视镜）让我们能够控制光子走两条路径中的一条。其中，两条路径分别对应 0 和 1。

注 1：本书尽力避免过多地解释量子比特的含义。尽管这似乎有点令人扫兴，但请记住，传统编程指南几乎从不讲比特和字节迷人的物理特性。实际上，正是能够从信息的物理本质中抽离出来，才使得复杂程序的编写过程变得容易。

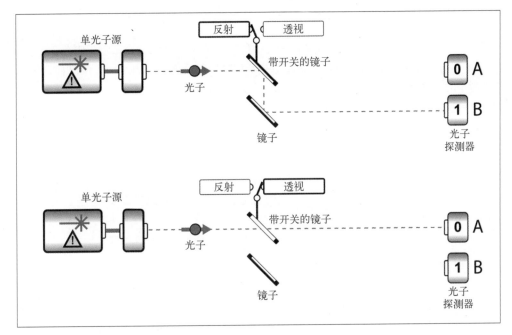

图 2-1：把光子用作传统比特

在数字通信领域，确实存在图 2-1 所示的设备。不过显然，单光子处理起来非常困难（一个原因是，它不会在任何地方长时间停留）。为了使用这个设备演示量子比特的某些特性，我们把决定光子路径的那面带开关的镜子替换为**半镀银**的镜子。

如图 2-2 所示，半镀银的镜子（也叫作**分束器**）有一个半反射的表面，它有 50% 的概率将光偏转到值 1 相应的路径上，同时有 50% 的概率让光直接沿着值 0 相应的路径向前，只有这两种可能情况。

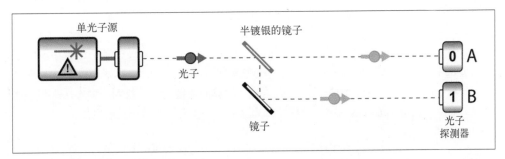

图 2-2：光量子比特的一种简单实现

当一个不可分割的光子撞击半镀银的镜子表面时，它会遭遇某种身份危机，也即出现一种不合常理的效应：光子处于一种既受路径 0 影响、又受路径 1 影响的状态。我们将这种状态称为**叠加态**，意思是光子可能处于每一条路径上。换句话说，我们拥有的不再是一个传统比特，而是一个量子比特，它处于由 0 态和 1 态叠加的状态。

人们很容易误解叠加态的本质，就像许多介绍量子计算的流行文章所描述的那样。那种认为光子同时处在路径 0 和路径 1 上的说法**并不正确**。因为光子只有一个，所以如果像图 2-2 所示的那样在每条路径上都放置探测器，那么只有一个探测器会探测到光子。当这种情况出现后，量子比特将降维到数字比特，并给出确定的结果：非 0 即 1。然而，正如我们稍后将探讨的那样，在需要通过探测读取值之前，QPU 与处于叠加态的量子比特的交互将对计算大有帮助。

图 2-2 所示的这种叠加态对利用 QPU 的量子计算能力至关重要。因此，我们需要以量化程度更高的方式描述和控制量子叠加态。当光子处于多路径叠加的状态时，它与每条路径都有一个相应的**振幅**（amplitude）。这些振幅有两个重要特性——强度和相对相位。它们就像两个旋转开关，我们可以利用这两个开关来改变量子叠加态的特殊配置。

- 与每条路径相关联的**强度**（magnitude）是一个模拟值，用于衡量光子在每条路径上的扩散程度。路径的强度与在该路径上检测到光子的概率有关。具体来说，**强度的平方**决定了在给定路径上检测到光子的概率。在图 2-2 中，可以通过改变半镀银镜子的反射程度来调整与每条路径相关联的振幅强度。
- 不同路径之间的**相对相位**（relative phase）表示光子在一条路径上相对于另一条路径的延迟程度。相对相位也是一个模拟值，可以通过设置光子沿着路径 0 和路径 1 传播的距离之差来控制。需要注意的是，改变相对相位不会影响光子在每条路径上被检测到的概率[2]。

再次强调，振幅包含两个特性，即与量子叠加态的某个值相关联的强度和相对相位。

对数学感兴趣的读者不妨了解这样一点：与叠加态中的不同路径相关联的振幅通常用**复数**来表示。振幅的强度正好是这个复数的模（复数与其共轭复数乘积的平方根），振幅的相对相位则是复数以极坐标表示时的辐角。如果你对数学不感兴趣，也不必担心，我们很快将介绍一种图形记法。

在计算时，强度和相对相位是可以利用的值，不妨认为它们被编码在量子比特中。但是如果要从中读取任何信息，就必须使光子撞击某种探测器。此时，这两个模拟值都消失了——量子比特的量子特性消失了。这就是量子计算的关键所在：找到一种方法来利用这些虚幻的值，使得在进行读取这一破坏性行为之后，一些有用的值仍然得以保留。

在将光子用作量子比特的情况下，图 2-2 中的设置与稍后将在示例 2-1 中介绍的代码示例等效。

注 2：虽然本书基于光的相对传播距离来引入相对相位的概念，但这是一个普适的概念，它适用于所有类型的量子比特：光子、电子、超导体等。

好了，用光子做的介绍就到这里了！本书是程序员指南，不是物理学教科书。让我们从物理学中抽身，抛开光子和量子物理，看看如何描述和可视化量子比特，就像抛开电子和半导体物理去研究二进制逻辑一样。

2.2 圆形表示法

我们现在已经知道了何谓叠加态，但目前所知的内容仅与光子的特有行为密切相关。接下来需要找到一种描述叠加态的抽象方式，从而只关注抽象的信息。

在成熟的量子物理学中，数学描述提供了这样一种抽象，但从表 2-2 左列可以看出，这种数学描述远不如传统比特简单的二进制计算直观和方便。

幸运的是，表 2-2 右列的圆形表示法是一种更直观的方法。由于我们的目标是在无须深入了解晦涩的数学知识的前提下，直观地理解 QPU 的内部原理，因此从现在开始，我们将完全基于圆形表示法来思考量子比特。

我们通过光子实验发现，在 QPU 中，量子比特的一般状态有两个特性需要关注：叠加振幅的强度和振幅之间的相对相位。这些参数与圆形表示法的关系如下。

- 与量子比特可能取的每个值（目前为止是 |0⟩ 和 |1⟩）相关联的振幅的强度与每个 |0⟩ 圆和 |1⟩ 圆中的已填充区域的半径相关。
- 这些值的振幅之间的相对相位由 |1⟩ 圆相对于 |0⟩ 圆的旋转表示（在圆中画一条颜色较深的线，以表示旋转）。

因为整本书都将依赖圆形表示法，所以有必要更详细地了解如何通过圆的大小和旋转来表示上述概念。

2.2.1 圆的大小

如前所述，与 |0⟩ 或 |1⟩ 相关联的强度的平方决定了在读取时得到该值的概率。圆的填充半径表示强度，这意味着如果读取量子比特，那么每个圆中的已填充面积（或者更通俗地说，圆的大小）与得到该圆所对应的值（0 或 1）的概率成正比。图 2-3 展示了不同量子比特状态的圆形表示法以及在每种情况下读出值 1 的概率。

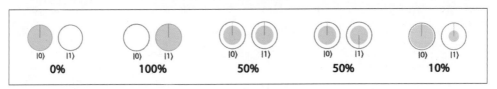

图 2-3：从圆形表示法表示的不同叠加态中读出值 1 的概率

读取量子比特会破坏信息。若对图 2-3 中的所有状态读取量子比特，结果将非 0 即 1。在读取之后，量子比特会改变其状态，以匹配所读取的值。因此，假设一个量子比特最初处于复杂的状态，可一旦读出了值 1，那么即便立即再次尝试读取，也只会得到值 1。

请注意，|0⟩ 圆中的已填充区域越大，读出值 0 的概率就越大，当然这意味着得到值 1 的概率越小。在图 2-3 的最后一个例子中，读出值 0 的概率是 90%，读出值 1 的概率则是 10%。[3] 在圆形表示法中，我们用圆的已填充区域来表示叠加态中的强度。虽然这看起来像是一个让人烦恼的技术细节，但务必记住，强度与已填充区域的半径相关。为了在视觉上更直观，即使将两者等同起来也没有关系。

有一点很容易被忽略，但请谨记，那就是在圆形表示法中，与给定结果相关联的圆的大小并不能完全代表叠加态的振幅，其中缺少的重要信息是叠加态的相对相位。

2.2.2　圆的旋转

利用一些 QPU 指令，可以改变 |0⟩ 圆和 |1⟩ 圆的相对旋转情况，即量子比特的相对相位。量子比特状态的相对相位可以取 0° 和 360° 之间的任意值，图 2-4 展示了几个例子。

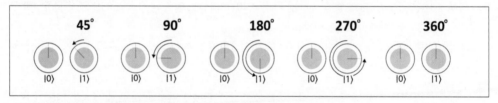

图 2-4：单个量子比特的相对相位示例

本书用圆形表示法旋转圆的惯例是，逆时针旋转，且角度值为正，如图 2-4 所示。

在前面的所有例子中，我们都只旋转了 |1⟩ 圆。为什么不旋转 |0⟩ 圆呢？顾名思义，只有量子比特叠加态的**相对**相位才彰显不同。因此，只有圆之间的**相对**旋转才有意义。[4] 如果 QPU 指令对两个圆都进行旋转，那么总是可以考虑等效的效果，即只旋转 |1⟩ 圆，使相对旋转效果看起来更明显，如图 2-5 所示。

注 3：寄存器振幅的平方之和必须总是等于 1，这个要求被称为规范化。要了解更多信息，请参阅 9.3.1 节。
注 4：基于控制量子比特的量子力学定律，只有相对相位才是重要的。

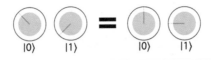

图 2-5：在圆形表示法中，只有相对旋转才是重要的。图中两种状态是等价的，这是因为两个圆的相对相位相同

注意，相对相位可以独立于叠加态的强度而变化，反之亦然。比较图 2-3 中的第 3 个和第 4 个例子，可以看到，单个量子比特的不同结果之间的相对相位对读出某个结果的概率没有直接影响。

由于量子比特的相对相位对叠加态的强度没有影响，因此它不会直接影响可观测的读取结果。这可能会使相对相位这个特性看起来无关紧要，但事实并非如此！在涉及多个量子比特的量子计算中，可以利用旋转来巧妙、间接地影响最终读出不同值的概率。实际上，精心设计的相对相位可以提供惊人的计算优势。接下来将介绍一些量子运算，特别是那些只对单个量子比特起作用的运算。我们将使用圆形表示法将运算效果可视化。

与传统比特明显的数字特性不同，量子比特的强度和相对相位是具有连续自由度的特性。这导致许多人误以为，量子计算类似于命运多舛的**模拟计算**（analog computing）。但需要指出的是，尽管量子计算具有连续自由度，但 QPU 计算导致的误差仍然可以用数字方式纠正。这就是 QPU 比模拟计算设备更稳健的原因。

2.3　第一批QPU指令

与 CPU 的同类运算一样，针对单个量子比特的 QPU 运算将输入信息转换为目标输出。当然，QPU 运算的输入和输出是量子比特，而不是传统比特。许多 QPU 指令 [5] 有相应的逆指令，了解它们是有用的。这样的 QPU 运算被称为**可逆**，这意味着在进行这些运算时不会丢失或舍弃任何信息。然而，一些 QPU 运算是不可逆的，因此它们会导致信息丢失。后文会解释，了解运算是否可逆对我们如何应用它有重要的影响。

某些 QPU 指令看上去有些奇怪，而且用法不明，但在简单了解之后，我们将很快开始使用它们。

2.3.1　QPU指令：NOT

NOT 与传统的逻辑非指令类似。应用它之后，0 会变为 1，反之亦然。然而，与传统的逻辑非指令不同的是，QPU 的 NOT 指令可以对处于叠加态的量子比特进行操作。

注 5：在本书中，"QPU 指令"和"QPU 运算"是等义的，经常交替使用。

用圆形表示法可以简单地表示 NOT 运算的结果，只需交换 |0⟩ 圆和 |1⟩ 圆即可，如图 2-6 所示。

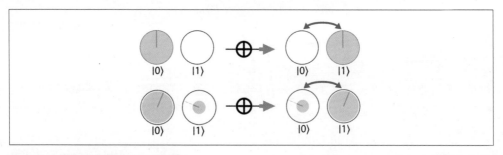

图 2-6：用圆形表示法表示 NOT 运算

可逆性：就像传统的数字逻辑运算一样，NOT 运算的逆运算是它自己。两次应用它会将一个量子比特恢复到初始值。

2.3.2　QPU指令：HAD

 HAD 是 Hadamard 的缩写形式，该运算本质上是为某个呈 |0⟩ 态或 |1⟩ 态的量子比特创建相等的叠加态。它就像一把钥匙，为我们开启量子叠加态那既奇妙又微妙的并行性之门！与 NOT 运算不同，HAD 没有针对传统比特的等价运算。

在用圆形表示法表示时，HAD 输出的 |0⟩ 圆和 |1⟩ 圆的已填充面积相同，如图 2-7 所示。

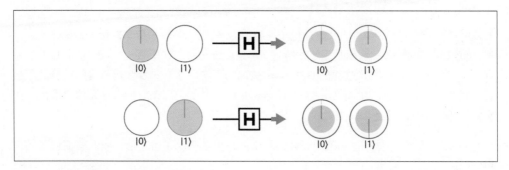

图 2-7：针对基本状态进行 HAD 运算

HAD 运算会在量子比特中产生均匀叠加效果，即产生每个结果出现的概率相同的叠加态。注意，HAD 运算对初始状态为 |0⟩ 和 |1⟩ 的量子比特稍有不同：对 |1⟩ 态应用 HAD，会在一个圆中产生非零旋转（相对相位），而对 |0⟩ 态应用 HAD 则不会如此。

你可能会好奇，如果针对已经处于叠加态的量子比特应用 HAD，结果会如何。找到答案的最佳方法就是做实验！通过实验，你很快就会注意到以下现象。

- 根据图 2-7 所示的规则，HAD 分别作用于 |0⟩ 态和 |1⟩ 态。
- 生成的 |0⟩ 值和 |1⟩ 值被组合起来，并根据初始叠加态的振幅加权[6]。

可逆性：与 NOT 运算类似，HAD 运算的逆运算也是它自己。两次应用它会将一个量子比特恢复到初始值。

2.3.3　QPU指令：READ和WRITE

READ 运算是前文介绍的读取过程的形式化表示。它在 QPU 指令集中与众不同，这是因为它是唯一可能返回随机结果的指令。

WRITE 运算能够在操作 QPU 寄存器之前将它初始化，这是一个具有确定性的过程。

将 READ 指令应用于单个量子比特将返回 0 或 1，每个结果出现的概率由量子比特状态中相应振幅的强度的平方决定（忽略相对相位）。应用 READ 指令之后，如果得到的结果为 0，那么量子比特将维持 |0⟩ 态，反之则维持 |1⟩ 态。换句话说，任何叠加态都将被不可逆转地破坏。

因为圆中的已填充面积体现了相应结果出现的概率，所以在用圆形表示法表示 READ 运算的结果时，与结果对应的圆将被完全填充，而其余的变为空心圆。图 2-8 展示了针对不同的叠加态应用 READ 指令的场景。

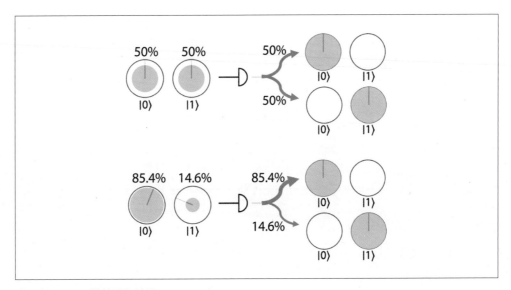

图 2-8：READ 运算的随机结果

注 6：关于 HAD 和其他常见运算背后的数学细节，请参考第 14 章。

在图 2-8 的第 2 个示例中，READ 运算删除了全部有意义的相对相位信息。因此，我们重新调整状态，使圆中的线垂直。

使用 READ 和 NOT，可以编写简单的 WRITE 指令，从而制备目标状态为 |0⟩ 或 |1⟩ 的量子比特。首先针对量子比特应用 READ 指令，之后，如果所得的值与计划写入的值不同，则应用 NOT 指令。请注意，WRITE 运算**不能**制备处于任意叠加态（具有任意强度和相对相位）的量子比特，它制备的量子比特只能处于 |0⟩ 态或 |1⟩ 态[7]。

可逆性：READ 和 WRITE 是不可逆的。它们会破坏叠加态，并导致信息丢失。叠加态一旦遭到破坏，量子比特的模拟值（强度和相对相位）就会永远消失。

2.3.4　实践：完全随机的比特

在介绍更多的单量子比特运算之前，让我们休息片刻，来看看如何利用 HAD、READ 和 WRITE 创建一个强大的程序。该程序能够生成真正的随机比特，这在任何传统计算机上都不可能实现。

纵观计算史，人们花费了大量的时间和精力来开发**伪随机数生成器**（pseudo-random number generator，PRNG），这些系统在密码学和天气预报等领域有着广泛的应用。PRNG 是伪随机的，这是因为如果知道计算机内存的内容和 PRNG 算法，原则上就可以预测下一个要生成的数字。

根据已知的物理定律，针对处于叠加态的量子比特，读取结果本质上是完全不可预测的。因此，借助 QPU，我们就能创建世界上最好的随机数生成器，只需要制备一个处于 |0⟩ 态的量子比特，对其应用 HAD 指令，然后读取它的值。可以使用**量子电路**（quantum circuit）来展示 QPU 指令组合，如图 2-9 所示。

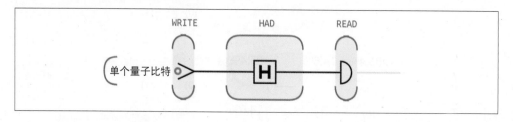

图 2-9：用 QPU 生成完全随机的比特

注 7：我们在后文中会看到，获得任意的叠加态很难，但很有用，在量子机器学习应用中尤其如此。第 13 章将介绍一种方法。

虽然简单得难以置信，但是我们已经有了第一个 QPU 程序：量子随机数生成器（quantum random number generator，QRNG）。可以使用示例 2-1 中的代码片段来模拟这个过程。如果在 QCEngine 上反复运行这 4 行代码，就会得到一个随机的二进制数字串。当然，像 QCEngine 这种以 CPU 驱动的 QPU 模拟器只是用 PRNG 来模拟 QRNG，但是在真正的 QPU 中运行等价的代码将生成完全随机的二进制数字串。

示例代码

请在 http://oreilly-qc.github.io?p=2-1 上运行本示例。

示例 2-1　随机比特

```
qc.reset(1);              // 分配一个量子比特
qc.write(0);              // 写入值0
qc.had();                 // 使量子比特处于0和1的叠加态
var result = qc.read();   // 读取数字比特
```

可以在 http://oreilly-qc.github.io 上找到本书中的所有示例代码，这些代码既可以在 QPU 模拟器上运行，也可以在真正的 QPU 硬件上运行。运行这些示例代码是学习 QPU 编程的重要一环。若想了解更多信息，请参阅第 1 章。

这可能是你的第一个量子程序，祝贺你！让我们逐行分析，了解每一行的意义。

- qc.reset(1) 设置 QPU 模拟器，请求分配一个量子比特。我们为 QCEngine 编写的所有程序都将用类似这样的一行代码去初始化一个或一组量子比特。
- qc.write(0) 将单个量子比特初始化为 |0⟩ 态，这相当于将传统比特设置为值 0。
- qc.had() 对量子比特应用 HAD 指令，使其处于 |0⟩ 和 |1⟩ 的叠加态，如图 2-7 所示。
- var result = qc.read() 在计算结束时将量子比特的值作为随机数字比特读出，并将该值赋给变量 result。

本例所做的一切似乎不过是用一种非常昂贵的方式抛硬币，但是这种想法低估了 HAD 的威力。如果深入探究 HAD 的原理，就会发现这既不是伪随机数生成器，也不是基于硬件的随机数生成器。与它们不同，量子物理定律保证了 HAD 运算的不可预测性。在已知的宇宙中，即便知道用来生成随机数的指令，也没有人能够猜出从应用了 HAD 指令的量子比特中读出的随机数是 0 还是 1。

虽然我们在第 3 章中才会正式学习多量子比特的内容，但是现在可以很容易地并行运行 8 次单量子比特程序，从而生成随机字节，如图 2-10 所示。

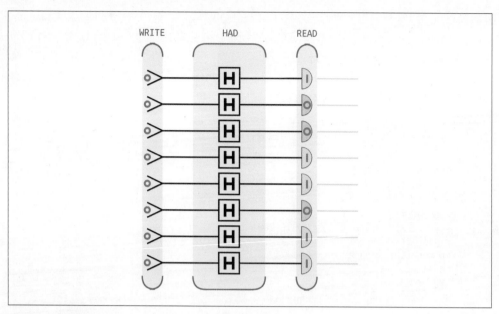

图 2-10：生成随机字节

示例 2-2 展示了用于生成随机字节的代码，它与示例 2-1 相差不大。

示例代码

请在 http://oreilly-qc.github.io?p=2-2 上运行本示例。

示例 2-2　随机字节

```
qc.reset(8);
qc.write(0);
qc.had();
var result = qc.read();
qc.print(result);
```

请注意，我们利用了这样一个事实：除非明确地指定要操作的量子比特，否则 QCEngine 指令（如 WRITE 和 HAD）将默认应用于所有经过初始化的量子比特。

 尽管示例 2-2 用了多个量子比特，但实际上没有进行将多个量子比特作为输入的运算。该程序只能被序列化为针对单个量子比特运行。

2.3.5 QPU指令：PHASE(θ)

 PHASE(θ) 也没有针对传统比特的等价运算。它使得我们能够直接操作量子比特的相对相位，将其改变某个特定的角度。因此，除了要操作的量子比特之外，PHASE(θ) 还需要一个额外的数值参数，即旋转角度。例如，PHASE(45) 表示进行 45° 的旋转运算。

在使用圆形表示法表示时，PHASE(θ) 的作用就是简单地以指定的角度旋转 |1⟩ 圆。图 2-11 展示了 PHASE(45) 的效果。

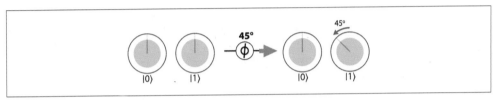

图 2-11：PHASE(45) 的效果

请注意，PHASE(θ) 仅旋转 |1⟩ 圆，因此它对处于 |0⟩ 态的量子比特没有影响。

可逆性：PHASE(θ) 是可逆的，不过逆运算通常不是它自己。通过应用与原始角度相反的 PHASE(θ)，可以反转相对相位旋转效果。在圆形表示法中，这相当于通过反向旋转抵消旋转效果。

使用 HAD 和 PHASE，可以创建一些常用的单量子比特状态，如图 2-12 所示。这些状态分别被命名为 |+⟩、|−⟩、|+Y⟩ 和 |−Y⟩。如果你想使用 QPU 小试身手，请看看能否用 HAD 和 PHASE 产生这些状态（每个叠加态在 |0⟩ 态和 |1⟩ 态中都具有相等的强度）。

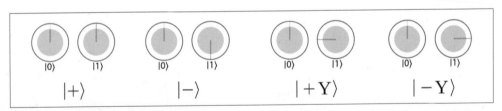

图 2-12：十分常用的 4 种单量子比特状态

尽管产生上述状态的一种方法是使用 HAD 和 PHASE，但也可以将它们理解为所谓的单量子比特旋转运算的结果。

2.3.6 QPU指令：ROTX(θ)和ROTY(θ)

我们已经了解了 PHASE(θ) 指令的用途，即旋转量子比特的相对相位，在圆形表示法中，该指令旋转的是 |1⟩ 圆。另外两个与 PHASE(θ) 相关的常见指令是 ROTX(θ) 和 ROTY(θ)，它们会

以稍微不同的方式旋转量子比特。

图 2-13 用圆形表示法展示了 ROTX(45) 和 ROTY(45) 在 |0⟩ 态和 |1⟩ 态上的应用效果。

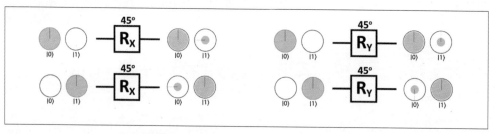

图 2-13：在 |0⟩ 态和 |1⟩ 态上应用 ROTX 和 ROTY

图 2-13 中的效果不太容易理解，至少不像 PHASE 那样直观。这两个指令的名称来源于单量子比特状态的另一种常见的可视化表示，即**布洛赫球**（Bloch sphere）。在布洛赫球表示法中，单个量子比特是由三维球面上的某个点表示的。本书没有使用布洛赫球表示法，而是使用了圆形表示法，这是由于布洛赫球表示法不能很好地表示多个量子比特。但是为了满足你的好奇心，我们简单介绍一下。如果用布洛赫球表示一个量子比特，那么 ROTX 和 ROTY 分别表示围绕球体的 x 轴和 y 轴旋转量子比特。由于本书在表示量子比特时使用两个圆而不是球体，因此 ROTX 和 ROTY 在圆形表示法中就失去了意义。实际上，PHASE 对应于绕 z 轴旋转，它在布洛赫球表示法中相当于 ROTZ。

2.4　复制：缺失的指令

有一个指令可用于传统计算机，但**不能**在 QPU 中实现。尽管可以通过反复创建得到一个**已知状态**的多个副本 [8]，但是在状态不确定的情况下，无法通过量子计算来部分复制某个状态。这种约束是由控制量子比特的基本物理定律所导致的。

缺失复制指令无疑会带来不便，但正如我们将在后文中了解到的，QPU 的其他能力足以弥补这一不足。

2.5　组合QPU指令

我们已经了解的指令有 NOT、HAD、READ、WRITE 和 PHASE。值得一提的是，和传统的逻辑运算指令一样，可以结合这些指令来实现其中每一个指令，甚至创建出全新的指令。假设某种 QPU 提供 HAD 指令和 PHASE 指令，但缺失 NOT 指令。将 PHASE(180) 与两个 HAD 相结合，就能产生与 NOT 完全相同的结果，如图 2-14 所示。反之，PHASE(180) 也可以通过 HAD 和 NOT 来实现。

注 8：如果状态是 |0⟩ 或 |1⟩，就可以简单地通过 WRITE 指令来实现。

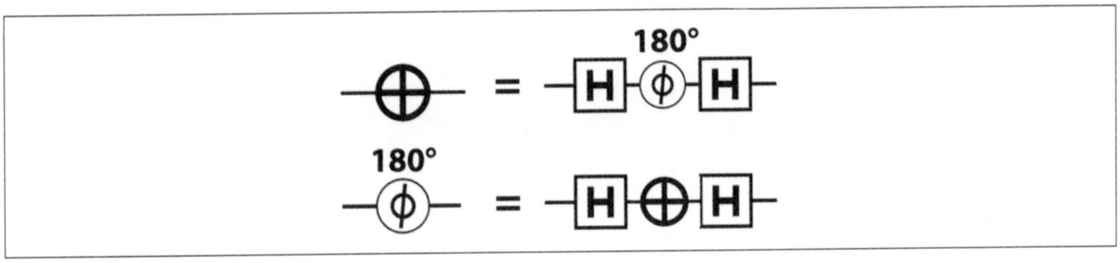

![图2-14示意图：上方为NOT门等于H、180°相位门、H三个门串联；下方为180°相位门等于H、NOT门、H三个门串联]

图 2-14：构建等效运算

QPU指令：RNOT

 通过组合 QPU 指令，还可以创建出在传统逻辑世界中根本不存在的有趣指令，RNOT（ROOT-of-NOT）就是这样一个例子。顾名思义，它是 NOT 指令的平方根，也就是说，应用该指令两次，相当于应用一次 NOT 指令，如图 2-15 所示。

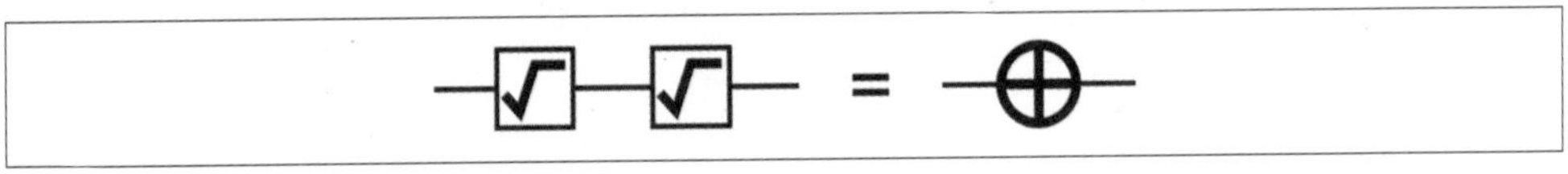

![图2-15示意图：两个RNOT门串联等于一个NOT门]

图 2-15：对于传统比特而言，这是不可能实现的运算

构建 RNOT 指令的方法不止一种，图 2-16 给出了一种简单的实现。

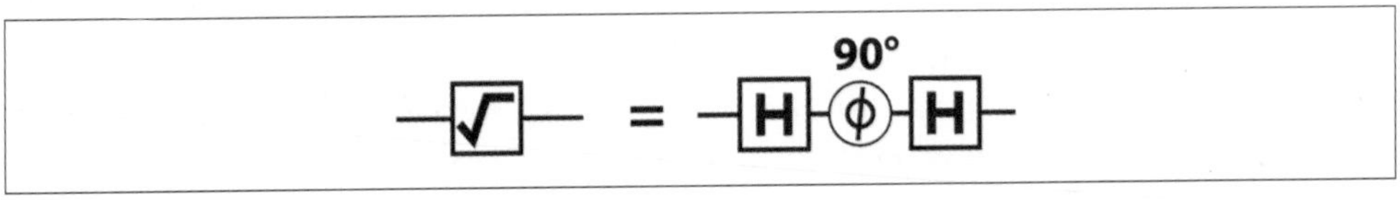

![图2-16示意图：RNOT门等于H、90°相位门、H三个门串联]

图 2-16：实现 RNOT

可以通过模拟器验证一下，看看应用两次 RNOT 是否确实产生了与 NOT 相同的结果，如示例 2-3 所示。

示例代码

请在 http://oreilly-qc.github.io?p=2-3 上运行本示例。

示例 2-3　验证 RNOT 的效果

```
qc.reset(1);
qc.write(0);

// 应用RNOT
qc.had();
qc.phase(90);
qc.had();
```

```
// 应用RNOT
qc.had();
qc.phase(90);
qc.had();
```

可以用圆形表示法将实现 RNOT（两个 HAD 之间有一个 PHASE(90)）所涉及的每个步骤都可视化，如图 2-17 所示。

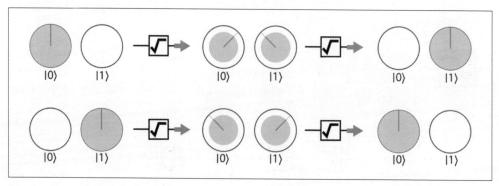

图 2-17：将 RNOT 的实现过程可视化

利用圆形表示法，可以根据量子比特的演变理解 RNOT 为何是 NOT 的平方根。回顾图 2-14，我们对一个量子比特应用 HAD，然后将其相对相位旋转 180°，再应用一次 HAD，这一系列操作等同于应用一次 NOT。由于 RNOT 对量子比特执行一半的旋转（PHASE(90)），因此应用两次 RNOT 会产生 HAD-PHASE(180)-HAD 序列，等同于 NOT。乍一看，这可能有些难以理解，但是如果试着应用两次 RNOT，就会理解上述原理。（提示：HAD 是它本身的逆指令，也就是说，应用两次 HAD 相当于什么都不做。）

可逆性：虽然 RNOT 不是其本身的逆指令，但是图 2-16 中的运算可以通过使用负的相位值来逆转，如图 2-18 所示。

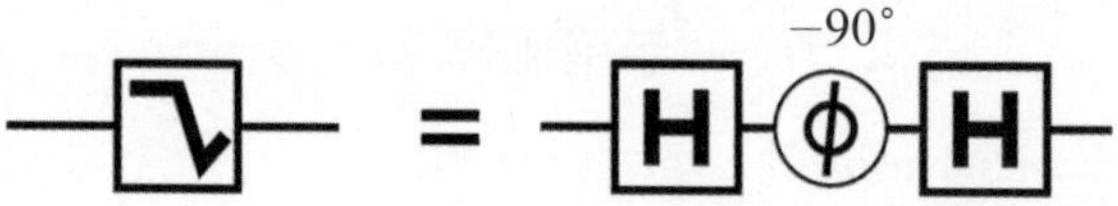

图 2-18：RNOT 的逆运算

尽管有些晦涩，但 RNOT 教给我们重要的一招：通过精心地将信息保存在量子比特的相对相位中，可以实现全新的计算类型。

2.6　实践：量子监听检测

为了更实际地展现控制量子比特相对相位的优势，我们用一个更复杂的程序来结束本章。示例 2-4 使用前面介绍的简单的单量子比特 QPU 指令来完成简化的**量子密钥分发**（quantum key distribution，QKD）。QKD 是量子密码学领域的核心协议，通过它能安全地传输信息。

假设 QPU 程序员 Alice 和 Bob 正在通过能够传输量子比特的信道相互发送数据。他们偶尔会发送示例 2-4 描述的具有特殊构造的"监听检测"量子比特，用于测试所用的信道是否被监听。

任何试图读取"监听检测"量子比特的监听者都有 12.5% 的概率被发现。因此，即使 Alice 和 Bob 在整个传输过程中只使用了 100 个这样的量子比特，监听不被发现的可能性也只有约百万分之一。

Alice 和 Bob 可以通过交换一些不需要加密的传统数字信息来检测他们的密钥是否被泄露。在交换信息后，他们测试一些量子比特，方法是读取量子比特并检查读取结果是否符合预期。如果出现不一致，就说明有人在监听。该过程如图 2-19 所示。

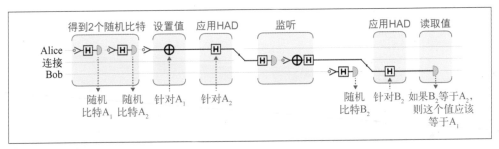

图 2-19：量子监听检测程序

以下给出代码。建议尝试运行示例 2-4 中的代码，并像探索任何其他代码片段一样进行调整和测试。

示例代码

请在 http://oreilly-qc.github.io?p=2-4 上运行本示例。

示例 2-4　量子监听检测

```
qc.reset(3);
qc.discard();
var a = qint.new(1, 'alice');
var fiber = qint.new(1, 'fiber');
var b = qint.new(1, 'bob');
```

```
function random_bit(q) {
    q.write(0);
    q.had();
    return q.read();
}

// 生成2个随机比特
var send_had = random_bit(a);
var send_val = random_bit(a);

// 创建Alice的量子比特
a.write(0);
if (send_val)   // 根据随机比特判断是否设置该值
    a.not();
if (send_had)   // 根据随机比特判断是否应用HAD
    a.had();

// 发送量子比特
fiber.exchange(a);

// 监听
var spy_is_present = true;

if (spy_is_present) {
    var spy_had = 0;
    if (spy_had)
        fiber.had();
    var stolen_data = fiber.read();
    fiber.write(stolen_data);
    if (spy_had)
        fiber.had();
}

// 接收量子比特
var recv_had = random_bit(b);
fiber.exchange(b);
if (recv_had)
    b.had();
var recv_val = b.read();

// 现在Alice用邮件告诉Bob她选择的操作和值
// 如果选择的操作匹配, 但值不一样, 就说明通信被监听
if (send_had == recv_had)
    if (send_val != recv_val)
        qc.print('Caught a spy!\n');
```

在示例 2-4 中，Alice 和 Bob 各自可以访问只包含一个量子比特的简单 QPU，并且可以沿着量子信道发送量子比特。可能会有人监听该信道。在示例代码中，通过变量 spy_is_present 来控制是否存在监听者。

量子密码可以用这么小的 QPU 来实现，这就是早在更强大的通用 QPU 出现之前，小型 QPU 就已经开始商业化应用的原因之一。

让我们逐步分析代码，看看 Alice 和 Bob 如何利用手头的简单资源实现量子监听检测。以下结合代码注释来解释。

// 生成 2 个随机比特

Alice 将她的单量子比特 QPU 作为一个简单的 QRNG，正如我们在示例 2-2 中所做的那样，生成两个只有她知道的秘密随机比特。本例将它们定义为 send_had 和 send_val。

// 创建 Alice 的量子比特

Alice 用她的两个随机比特来创建"监听检测"量子比特。她为其赋值，然后根据 send_had 的值判断是否应用 HAD。实际上，她的量子比特将处于以下状态之一：|0⟩、|1⟩、|+⟩、|−⟩，不过她暂时不会告诉任何人具体是哪个状态。如果 Alice 决定应用 HAD，并且 Bob 想通过读取知道 Alice 发送的是 0 还是 1，那么 Bob 在读取之前，必须应用 HAD 的逆指令（其实就是 HAD）。

// 发送量子比特

Alice 把她的量子比特发送给 Bob。为清晰起见，本例使用另一个量子比特来表示信道。

// 监听

如果 Alice 传输的是传统的数字比特，那么监听者只需复制即可完成任务。如果用了量子比特，复制就不可行了。回忆一下，量子比特没有复制指令，监听者唯一能做的就是读取 Alice 发送的量子比特，然后小心地将同样的量子比特发送给 Bob，以免被发现。不过请记住，读取操作将不可避免地破坏量子比特的信息，因此监听者在读取后只能获得传统比特的信息。因为监听者并不知道 Alice 是否应用了 HAD，所以他也不知道在读取前是否应该应用 HAD。如果仅执行读取操作，那么监听者并不知道他接收到的是从一个处于叠加态的量子比特中读取的随机值，还是实际上由 Alice 编码的值。这意味着，监听者不仅无法可靠地提取 Alice 的量子比特，也无法知道应该将什么状态发送给 Bob 才能避免被发现。

// 接收量子比特

与 Alice 一样，Bob 随机生成一个 recv_had 比特，并根据这个值判断在对 Alice 的量子比特应用 READ 之前是否应用 HAD。这意味着 Bob 偶尔能正确解码 Alice 的二进制值，其他时候则不能。

// 如果选择的操作匹配，但值不一样，就说明通信被监听

既然量子比特已经被接收，Alice 和 Bob 就可以公开地比较他们是否一致选择了应用 HAD（或选择不应用 HAD）。如果他们碰巧都应用了 HAD（概率约为 50%），那么二者的值应该一致；也就是说，Bob 能正确解码 Alice 的消息。在正确解码的消息中，如果值不一致，就可以得出结论：有人监听了他们的消息，并将不正确的量子比特发送给了 Bob。

2.7　小结

本章介绍了一种描述单个量子比特的方法，以及用于操作单个量子比特的各种 QPU 指令。READ 指令的随机性被用来构建量子随机数生成器。通过控制量子比特的相对相位，可以实现基本的量子密码。

后文将大量使用圆形表示法来可视化量子比特的状态。第 3 章将扩展圆形表示法，以表示多量子比特系统，并介绍用于处理这种系统的 QPU 指令。

第 3 章

多个量子比特

尽管单个量子比特很有用，但多个量子比特在组合之后会更强大，也更有趣。我们已经在第 2 章中详细地了解了量子叠加现象为计算引入的新参数：强度和相对相位。当 QPU 可以访问多个量子比特时，我们可以利用第 2 个强大的量子现象：**量子纠缠**（quantum entanglement）。量子纠缠是量子比特之间的一种非常特殊的相互作用，我们将在本章中以复杂而巧妙的方式利用它。

不过，为了充分利用多个量子比特，我们首先需要用一种方法将它们可视化。

3.1 多量子比特寄存器的圆形表示法

能否扩展圆形表示法，使之可用于表示多个量子比特呢？如果量子比特之间**没有交互**，那么可以简单地使用单个量子比特表示法的复数版本。换句话说，可以为每个量子比特准备一对圆来分别表示它的 $|0\rangle$ 态和 $|1\rangle$ 态。虽然这种简单的表示法可以表示任意单个量子比特的叠加态，但它无法表示**量子比特组**的叠加态。

如何用圆形表示法表示**多量子比特寄存器**的状态呢？就像传统比特的情况一样，只需用含有 N 个量子比特的寄存器来表示 2^N 个值即可。例如，处于状态 $|0\rangle|1\rangle|1\rangle$ 的三量子比特寄存器可以表示十进制数 3。对于多量子比特寄存器，通常用与表示单个量子比特相同的量子表示法来描述寄存器所表示的十进制数。鉴于单个量子比特可以编码状态 $|0\rangle$ 和 $|1\rangle$，双量子比特寄存器可以对状态 $|0\rangle$、$|1\rangle$、$|2\rangle$、$|3\rangle$ 进行编码。利用量子比特的特点，还可以创建这些状态的叠加态。为了表示 N 个量子比特的叠加态，我们将使用单独的圆来表示 2^N 个值中的每个值，如图 3-1 所示。

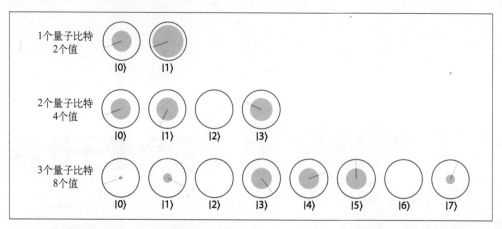

图 3-1：用圆形表示法表示不同数量的量子比特

我们已经熟悉图 3-1 中表示单个量子比特的两个圆。对于 2 个量子比特，有分别表示 |0⟩、|1⟩、|2⟩、|3⟩ 的圆。我们采用的不是"每个量子比特一对圆"的表示法，而是在读取这些量子比特时，用不同的圆来表示每个可能得到的值。对于 3 个量子比特，QPU 寄存器的值为 |0⟩、|1⟩、|2⟩、|3⟩、|4⟩、|5⟩、|6⟩、|7⟩，这是因为一旦读取，就会得到任意 3 比特值。结合图 3-1 来看，这意味着现在可以将强度和相对相位与这 2^N 个圆关联起来。以 3 个量子比特的情况为例，每个圆的强度决定了在读取**全部**量子比特时得到特定 3 比特值的概率。

你可能想知道，当多量子比特寄存器处于叠加态时，其中的单个量子比特会处于何种状态。在某些情况下，可以很容易地推导出单个量子比特的状态。如图 3-2 所示，三量子比特寄存器的状态 |0⟩、|2⟩、|4⟩、|6⟩ 的叠加态可以很容易地用每个量子比特的状态来表示。

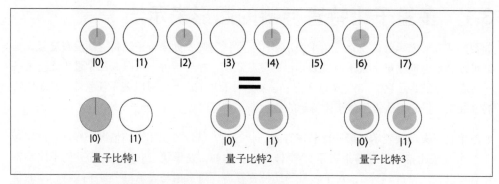

图 3-2：从多量子比特寄存器的状态推导出单个量子比特的状态

为了确认图 3-2 中的单个量子比特表示法和多个量子比特表示法是等价的，可以用 3 位二进制数写出多量子比特状态下的每个十进制数。实际上，这种多量子比特状态可以简单地使用针对单个量子比特的两个 HAD 运算来生成，如示例 3-1 所示。

示例 3-1 引入了一些新的 QCEngine 语法,用于跟踪多个量子比特。qint 对象用于标记量子比特,有了它,就可以像使用标准变量一样来使用量子比特。在使用 qc.reset() 在寄存器中设置一些量子比特后,使用 qint.new() 将它们分配给 qint 对象。qint.new() 的第 1 个参数指定了要从 qc.reset() 创建的栈中拿多少个量子比特分配给这个 qint 对象。第 2 个参数是在量子电路可视化工具中要使用的标签。qint 对象的许多方法让我们可以直接将 QPU 指令应用于量子比特组。在示例 3-1 中,我们使用 qint.had()。

图 3-2 中的多量子比特寄存器状态可以基于组成它的量子比特来理解。下面看看三量子比特寄存器的状态,如图 3-3 所示。

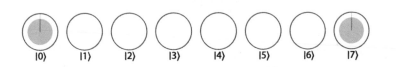

图 3-3:三量子比特寄存器示例

图 3-3 表示 3 个量子比特处于 |0⟩ 态和 |7⟩ 态相等的叠加态。能否像在图 3-2 中所做的那样,将三量子比特寄存器以单个量子比特的形式进行可视化呢?因为 0 和 7 分别对应二进制数 000 和 111,所以 3 个量子比特处于 |0⟩|0⟩|0⟩ 和 |1⟩|1⟩|1⟩ 的叠加态。令人惊讶的是,没有办法用单个量子比特来表示这种情况!注意,这 3 个量子比特在读出后总是具有**相同**的值(得到 0 或 1 的概率各为 50%)。很明显,这 3 个量子比特一定有某种联系,使得它们的结果总是相同的。

这种联系就是强大的量子纠缠现象。多个量子比特的纠缠态不能用其中的单个量子比特来描述,不过欢迎你大胆尝试!这种纠缠态只能通过**整个多量子比特寄存器**来描述。事实证明,仅仅通过单量子比特运算不可能产生纠缠态。为了更深入地探讨量子纠缠,需要先理解多量子比特运算。

3.2 绘制多量子比特寄存器

我们已经知道如何以圆形表示法用 2^N 个圆来表示 N 个量子比特的情况，但是如何画出多量子比特电路呢？根据多量子比特的圆形表示法，在长度为 N 的比特串中，每个量子比特占据一个位置。因此，根据其二进制值来标记每个量子比特就很方便了。

以第 2 章中的随机字节为例。仿照将 8 个传统比特称为 1 字节（byte）的叫法，我们将 8 个量子比特称为 1 量子字节（qubyte）。此前，我们只是简单地将 8 个量子比特标记为量子比特 1、量子比特 2 等。图 3-4 展示了正确标记每个量子比特的电路图。

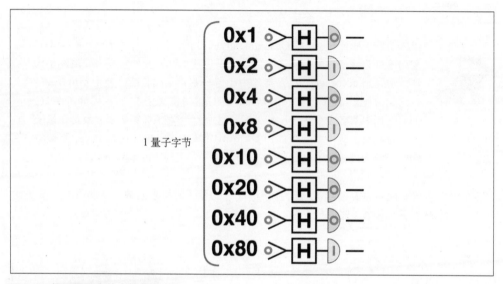

图 3-4：标记量子字节中的量子比特

量子比特的命名

图 3-4 使用诸如 0x1 和 0x2 这样的十六进制数来标记量子比特值。这是用于十六进制数的标准表示法，我们将在整本书中使用它来表示特定的量子比特，甚至在量子比特数量很多的情况下也会这样做。

3.3 多量子比特寄存器中的单量子比特运算

既然能够画出多个量子比特的电路图，并用圆形表示法来表示它们，那就开始使用它们吧！若对多量子比特寄存器应用 NOT、HAD、PHASE 等单量子比特指令，会如何呢？与单量子比特运算的唯一区别是，多量子比特运算所用的**算子对**（operator pair）专用于该运算所对应的量子比特。

要识别出一个量子比特的算子对，请将值的差等于该量子比特值的两个圆相匹配，如图 3-5 所示。举例来说，如果对量子比特 0x4 进行运算，那么每个算子对将包含值的差正好为 4 的那些圆。

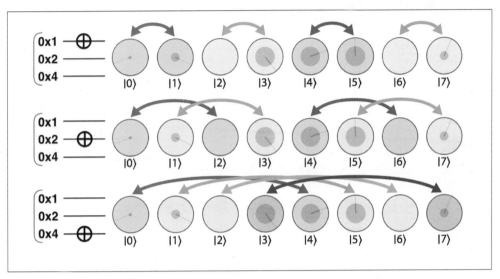

图 3-5：在多量子比特叠加态示例中，NOT 运算用于交换每个量子比特算子对中的值

一旦识别出算子对，就会针对**每一对**进行运算，就好像算子对的成员是单量子比特寄存器的 |0⟩ 值和 |1⟩ 值一样。以图 3-5 为例，NOT 运算会交换每一对中的圆。

对于单量子比特的 PHASE 运算，每一对中位于右手方的圆将按相位角旋转，如图 3-6 所示。

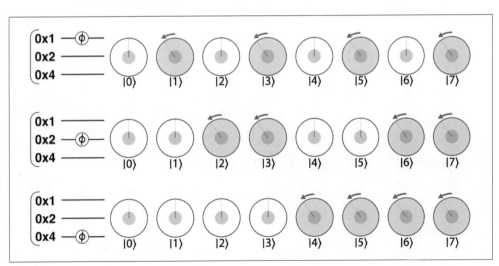

图 3-6：多量子比特寄存器中的单量子比特 PHASE 运算

从算子对的角度思考有助于快速、直观地理解针对寄存器的单量子比特运算。为了更深入地理解其工作原理，需要考虑针对给定量子比特的运算对整个寄存器的二进制表示有何影响。举例来说，图 3-5 中的 NOT 运算对第 2 个量子比特进行的圆交换动作相当于简单地翻转每个值的二进制表示的第 2 位。同理，作用于第 3 个量子比特的 PHASE 运算会旋转第 3 位为 1 的所有圆。针对单量子比特的 PHASE 运算总会导致寄存器中正好一半的圆被旋转，而旋转哪一半只取决于哪个量子比特是运算对象。

上述思路有助于思考在更大的多量子比特寄存器上所做的任意其他单量子比特运算。

 本书中的一些图用不同的颜色来突出显示某些圆，如图 3-5 和图 3-6 所示。这样做只是为了说明哪些状态参与了运算。

读取多量子比特寄存器中的某个量子比特

若对多量子比特寄存器中的一个量子比特应用 READ 指令，会发生什么呢？READ 指令也可以使用算子对。针对多量子比特寄存器，要计算其中某一个量子比特为 0 的概率，做法是计算该量子比特算子对的 |0) 侧（左手边）所有圆的强度的平方和。同理，可以通过计算该量子比特算子对的 |1) 侧（右手边）所有圆的强度的平方和来得出单个量子比特的读取结果为 1 的概率。

在进行 READ 运算之后，多量子比特寄存器的状态将改变，以反映运算结果。所有与结果不一致的圆都将被消除，如图 3-7 所示。

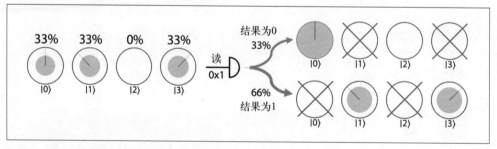

图 3-7：在多量子比特寄存器中读取一个量子比特 [1]

请注意，在 |1) 和 |3) 这两种状态下读取第一个量子比特（0x1）时结果都为 1，这是因为 1 和 3 对应的二进制数的第一位都是 1。还需要注意，在这个消除过程之后，该状态将剩余的值**重新规范化**，这使得它们的面积（以及关联概率）加起来达到 100%。要读取多个量子比特，针对单个量子比特的每次 READ 运算都可以根据算子对的情况单独执行。

注 1：图中的概率省略了小数位。——编者注

3.4 可视化更多数量的量子比特

在圆形表示法中，N 个量子比特需要 2^N 个圆来表示。因此，每往 QPU 中额外添加一个量子比特，都会使圆的个数加倍。如图 3-8 所示，圆的个数增加得如此之快，以至于圆变得越来越小，并且越来越难以识别。

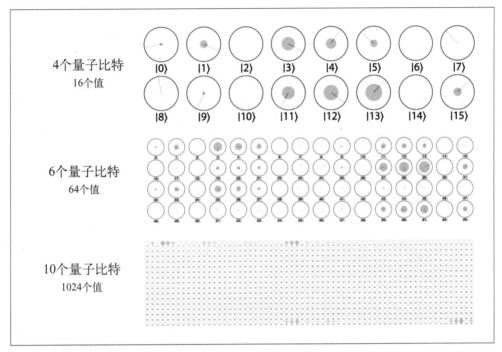

图 3-8：用圆形表示法表示更多数量的量子比特

在这种情况下，圆形表示法更适用于发现模式，而不是观察单个值，而且我们可以根据需要放大任何区域。不过，仍然可以通过一些方法来提高圆的清晰度，例如加粗表示旋转的线，并利用颜色或阴影的差异来突出显示相位的差异，如图 3-9 所示。

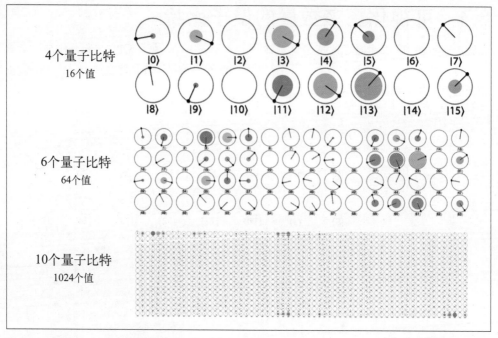

图 3-9：有时候，突出显示是有用的

在接下来的章节中，我们将利用上述技巧。但是，即使是这些提升视觉效果的技巧，也只能起到有限的作用。对于含有 32 个量子比特的系统，对应的圆有 4 294 967 296 个，这对人眼和大部分显示器来说实在是太多了。

 可以在 QCEngine 程序的开头添加 qc_options.color_by_phase = true;，从而实现如图 3-9 所示的相位着色效果。要将相位线加粗，请添加 qc_options. book_render = true;。

3.5　QPU指令：CNOT

 是时候介绍多量子比特系统专用的 QPU 指令了，这些指令针对的是一个以上的量子比特。我们先探讨强大的 CNOT 指令。CNOT 对两个量子比特进行操作，我们可以认为它是具有以下条件的 if 结构体："当且仅当条件量子比特的值为 1 时，针对目标量子比特应用 NOT 指令。"CNOT 对应的电路符号通过用一条线连接两个量子比特来体现上述逻辑。实心点表示用于控制的量子比特，非符号则表示目标量子比特[2]。

注 2：也可以根据值 0 进行控制。为了实现这一点，只需在控制寄存器上使用一对非门，一个在操作之前，一个在操作之后。

许多 QPU 指令使用**条件量子比特**有选择地进行操作，CNOT 是典型的例子。图 3-10 展示了对寄存器中的量子比特应用 NOT 指令与 CNOT 指令的区别（后者以某个其他的量子比特作为控制条件）。

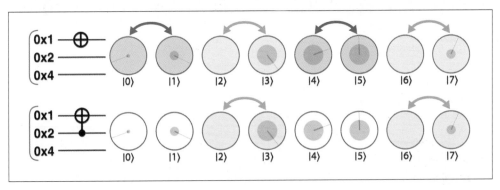

图 3-10：对比 NOT 指令与 CNOT 指令

图 3-10 中的箭头表示交换算子对中的圆。从图中可以看出，CNOT 的基本操作与 NOT 相同，只不过选择性更强。在本例中，它只对二进制表示的第二位为 1 的状态进行操作（010=2，011=3，110=6，111=7）。

可逆性：和 NOT 一样，CNOT 的逆运算是它自己，两次应用 CNOT 会使多量子比特寄存器返回到它的初始状态。

就其本身而言，CNOT 没有特别的量子特性。显然，条件逻辑是传统 CPU 的一个基本特性。但是，有了 CNOT，就可以提出一个有趣的量子问题。如图 3-11 所示，如果参与 CNOT 运算的控制量子比特处于叠加态，会发生什么情况？

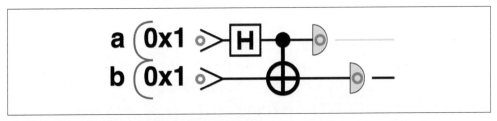

图 3-11：参与 CNOT 运算的控制量子比特处于叠加态

为了便于说明，我们暂时将两个量子比特标记为 a 和 b（而不是使用十六进制数）。从寄存器处于 |0⟩ 态开始，让我们从头到尾地看看整个电路的变化情况。图 3-12 显示了在应用指令之前的电路和状态。

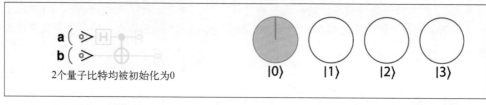

图 3-12：贝尔对[3]：步骤 1

首先对量子比特 a 应用 HAD。由于 a 在寄存器中的权重最低，因此这将创建 |0⟩ 和 |1⟩ 的叠加态，其圆形表示法如图 3-13 所示。

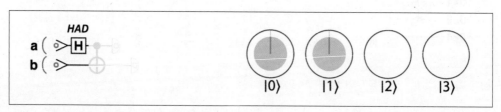

图 3-13：贝尔对：步骤 2

接下来应用 CNOT，量子比特 b 的值将根据量子比特 a 的状态**有条件地翻转**，如图 3-14 所示。

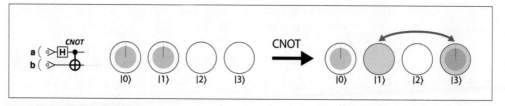

图 3-14：贝尔对：步骤 3

最终结果是 |0⟩ 和 |3⟩ 的叠加态。这是合情合理的，因为如果量子比特 a 处于 |0⟩ 态，那么不会针对量子比特 b 执行任何操作，它将维持 |0⟩ 态，即寄存器的整体状态为 |0⟩|0⟩=|0⟩。如果量子比特 a 处于 |1⟩ 态，那么将针对量子比特 b 应用 CNOT，这时寄存器的整体状态为 |1⟩|1⟩=|3⟩。要理解图 3-14 中的 CNOT，另一种方法是简单地遵循 CNOT 的圆形表示法规则，也就是交换状态 |1⟩ 和 |3⟩，如图中的箭头所示。

图 3-14 中的结果具有深远的意义。实际上，它与图 3-3 所示的处于纠缠态的三量子比特寄存器基本相同，只不过体现的是两个量子比特的纠缠态。我们已经注意到，这种纠缠态证明量子比特之间存在相互依赖性。如果读取图 3-14 所示的两个量子比特，那么尽管结果是随机的，但它们的值总是一致的（要么是 00，要么是 11，概率都是 50%）。

注 3：3.6 节会详细介绍贝尔对。——译者注

第 1 章承诺本书不会详细解释量子物理，但是我们已经破了一次例，对叠加态稍微进行了一番讲解。因为量子纠缠现象同样重要，所以我们再破例聊一聊物理知识，从而更好地理解量子纠缠为何如此强大 [4]。

 如果相比物理知识，你更喜欢代码示例，那么完全可以跳过以下几段文字，不用担心跟不上后面的内容。

你可能觉得纠缠并不奇怪。即使在随机读取传统比特时可能得到一致的值，但这并不值得关注。如果两个比特的随机读取结果总保持一致，那么有以下两个不起眼的原因。

1. 过去的某个机制迫使两个比特的值相等。如果真的是这种情况，那么它们实际上并不具有随机性。
2. 两个比特在被读出的那一刻确实随机取值，但它们能够彼此通信，以确保二者的值一致。

其实稍微思考便知，唯有以上两个原因才能解释两个传统比特之间存在随机一致性。

然而，伟大的物理学家约翰·贝尔（John Bell）提出的一个巧妙的实验可以证明，除了上述两个原因，纠缠现象也可以合理地解释随机一致性。你可能听说过，量子纠缠是量子比特之间的一种特殊联系，**它比传统的任何联系都强**。当我们开始编写更复杂的 QPU 应用程序时，量子纠缠将变得无处不在。在实际应用中，无须深入思考量子纠缠的原理，不过略知皮毛并无坏处。

3.6 实践：利用贝尔对实现共享随机性

图 3-14 中的纠缠态通常被称为贝尔对 [5]。让我们通过一种简单的方法利用强大的纠缠态。

第 2 章讲过，可以通过读取处于叠加态的单个量子比特来实现量子随机数生成器。读取贝尔对与之类似，只不过两个量子比特的值始终保持一致。

量子纠缠有一点不可思议：无论相距多远，相互作用的量子比特都会彼此纠缠。因此，可以很容易地在不同的位置使用贝尔对生成**相关的随机比特**。可以基于这些比特实现安全共享随机性，这种随机性正是现代互联网的关键基础。

示例 3-2 中的代码片段实现了上述想法。首先创建贝尔对，然后读取其中每个量子比特的值，从而实现共享随机性，如图 3-15 所示。

注 4：老实说，这绝对是最后一次提到物理知识，咱们拉钩！
注 5：之所以叫这个名字，是因为它是约翰·贝尔在演示纠缠态之间难以解释的关联时所使用的状态。

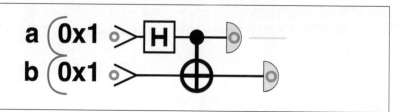

图 3-15：贝尔对的量子电路

示例代码

请在 http://oreilly-qc.github.io?p=3-2 上运行本示例。

示例 3-2　创建贝尔对

```
qc.reset(2);
var a = qint.new(1, 'a');
var b = qint.new(1, 'b');
qc.write(0);
a.had();            // 使其处于叠加态
b.cnot(a);          // 创建纠缠态
var a_result = a.read();
var b_result = b.read();
qc.print(a_result);
qc.print(b_result);
```

3.7　QPU指令：CPHASE(θ)和CZ

 另一个常用的双量子比特指令是 CPHASE(θ)。与 CNOT 类似，CPHASE(θ) 采用一种产生纠缠的条件逻辑。回顾图 3-6，将用于单个量子比特的 PHASE(θ) 指令应用于寄存器，会以角度 θ 旋转该量子比特算子对中位于右手方的圆。和 CNOT 一样，CPHASE(θ) 仅在条件量子比特的值为 |1⟩ 时才对目标量子比特执行操作。注意，CPHASE(θ) 只在其条件量子比特为 |1⟩ 时生效，并且只影响值包含 |1⟩ 的目标量子比特状态。这就是说，假如对量子比特 0x1 和 0x4 应用 CPHASE(θ)，会导致这两个量子比特的值都为 |1⟩ 的所有圆旋转角度 θ。由于这个特性，CPHASE(θ) 的输入之间有 CNOT 所没有的对称性。与大多数其他条件运算不同，对于 CPHASE(θ) 来说，不用操心哪一个是条件量子比特，哪一个是目标量子比特。

图 3-16 比较了单独针对 0x1 和 0x4 应用 PHASE(θ) 指令的结果，以及同时针对这两个量子比特应用 CPHASE(θ) 的结果。

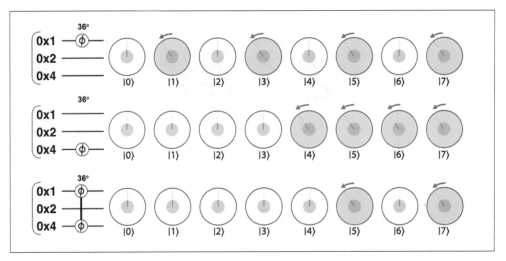

图 3-16：对比 PHASE(θ) 指令与 CPHASE(θ) 指令

针对单个量子比特的 PHASE(θ) 指令将旋转 QPU 寄存器中一半数量的圆。增加一个条件量子比特，将进一步把要旋转的圆的数量减半。可以继续为 CPHASE(θ) 增加条件量子比特，每增加一个，都会将圆的数量减半。一般来说，条件越多，我们对 QPU 寄存器的操作就越有选择性。

由于许多 QPU 程序用 180° 作为 CPHASE(θ) 的角度参数值，因此 CPHASE(180) 被赋予了 CZ 这个专有名称，并且拥有自己的简化符号，如图 3-17 所示。有趣的是，CZ 可以很容易地由 HAD 和 CNOT 实现。回顾图 2-14，PHASE(180) 可以由两个 HAD 和一个 NOT 实现。同理，CZ 可以由两个 HAD 和一个 CNOT 实现，如图 3-17 所示。

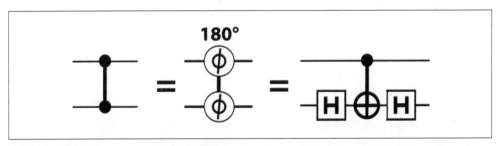

图 3-17：CPHASE(180) (CZ) 的 3 种表示法

QPU 技巧：相位反冲

一旦开始根据一个寄存器中的量子比特改变另一个寄存器的相位，就会产生一种出乎意料且有用的效应，即**相位反冲**（phase kickback）。来看图 3-18 中的量子电路。

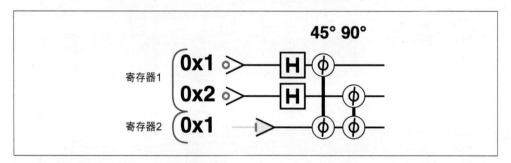

图 3-18：用于演示相位反冲技巧的量子电路

可以这样来理解图 3-18 中的量子电路：在将寄存器 1 置于其所有 4 个可能的值[6]的叠加态之后，根据寄存器 1 中的量子比特的值旋转寄存器 2 的相位。然而，通过观察两个寄存器在运算之后的状态，我们发现寄存器 1 的状态也发生了一些有趣的变化，如图 3-19 所示。

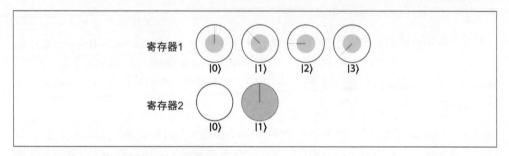

图 3-19：相位反冲所涉及的两个寄存器的状态

我们试图根据寄存器 1 的值旋转寄存器 2 的相位，结果却影响了寄存器 1 的值！具体解释如下。

- 针对寄存器 2 执行的 45° 相位旋转是以寄存器 1 中处于低位的量子比特为条件的，该操作也旋转了寄存器 1 中该量子比特为 1 的圆（|1⟩ 圆和 |3⟩ 圆）。
- 针对寄存器 2 执行的 90° 相位旋转是以寄存器 1 中处于高位的量子比特为条件的，该操作也旋转了寄存器 1 中该量子比特为 1 的圆（|2⟩ 圆和 |3⟩ 圆）。

将上述相位旋转组合起来，就是我们在寄存器 1 中看到的最终结果，这是从寄存器 2 中反冲到寄存器 1 中的。注意，由于寄存器 2 并不处于叠加态，因此它的全局相位保持不变。

相位反冲非常有用，这是因为可以使用它将相位旋转应用于寄存器中的特定值。我们可以将真正关心的寄存器中的量子比特作为条件，通过在其他某个寄存器上执行相位旋转来实现相位反冲。此外，可以通过选择量子比特来挑出要旋转的值。

注 6：由于寄存器 1 含有 2 个量子比特，因此可以取 4 个值，即 $2^2=4$。——编者注

为了使相位反冲生效，需要将第 2 个寄存器初始化为 |1)。注意，虽然在两个寄存器之间应用了针对两个量子比特的指令，但我们并没有创建纠缠态。因此，可以分别表示两个寄存器各自的状态。双量子比特门并不一定会在寄存器之间产生纠缠，第 14 章将解释原因。

如果相位反冲技巧一开始让你有些摸不着头脑，不必担心，其他人也是如此，你可能需要一段时间来适应。想要弄懂它，最简单的方法就是尝试一些有趣的例子。为了帮助你理解，示例 3-3 提供了用于再现前面描述的两个寄存器示例的 QCEngine 代码。

示例代码

请在 http://oreilly-qc.github.io?p=3-3 上运行本示例。

示例 3-3　相位反冲

```
qc.reset(3);
// 创建两个寄存器
var reg1 = qint.new(2, 'Register 1');
var reg2 = qint.new(1, 'Register 2');
reg1.write(0);
reg2.write(1);
// 使第1个寄存器处于叠加态
reg1.had();
// 根据第1个寄存器的量子比特值对第2个寄存器执行相位旋转
qc.phase(45, 0x4, 0x1);
qc.phase(90, 0x4, 0x2);
```

相位反冲非常有助于理解第 8 章介绍的量子相位估计这一 QPU 原语的内部机制，以及第 13 章介绍的 QPU 如何帮助我们求解线性方程组。相位反冲的广泛应用源于这样一个事实：它不仅适用于 CPHASE 运算，还适用于任何使寄存器的相位产生变化的条件运算。利用它，可以构造更通用的条件运算。

3.8　QPU指令：CCNOT

 如前所述，通过执行基于多个条件量子比特的运算，可以使多量子比特条件运算更具选择性。让我们通过例子来理解这个特性，并通过添加多个条件来泛化 CNOT。具有两个条件量子比特的 CNOT 运算通常被称为 CCNOT 运算。CCNOT 有时也被称为托佛利门。

每增加一个条件，虽然 NOT 指令保持不变，但寄存器中受影响的算子对就会减半。图 3-20 比较了针对三量子比特寄存器中的第一个量子比特执行的 NOT 运算，以及对应的 CNOT 运算和 CCNOT 运算。

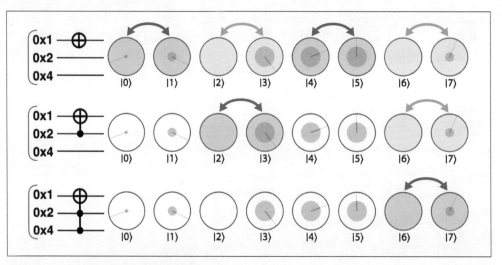

图 3-20：添加条件使 NOT 运算更具选择性

在某种意义上，可以将 CCNOT 解释为"如果条件 A 和条件 B 都为真，那么翻转 C"。对于执行基本逻辑，CCNOT 可以说是最有用的 QPU 指令。我们将在第 5 章中看到，组合和级联多个托佛利门可以实现各种各样的逻辑功能。

3.9　QPU指令：SWAP和CSWAP

在量子计算中，另一个非常常见的指令是 SWAP（交换，也称为 exchange），即简单地交换两个量子比特。如果 QPU 架构支持，那么 SWAP 可以是真正的基本指令，其运算结果是表示量子比特的物理对象彼此交换了位置。如果 QPU 架构不支持，则可以通过另一种方式来执行 SWAP 运算，即使用 3 个 CNOT 指令交换包含在两个量子比特中的**信息**（而不是交换量子比特本身），如图 3-21 所示。

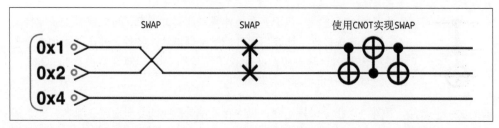

图 3-21：SWAP 可以由 CNOT 实现

本书采用两种方法来表示 SWAP 运算。一般情况下，我们使用一对彼此相连的 X。当要交换的量子比特彼此相邻时，用交叉的两条线来表示更简单、更直观。这两种情况的运算都是相同的。

你可能好奇 SWAP 到底有什么用。为什么不直接重命名量子比特呢？针对 QPU，当我们考虑将 SWAP 泛化为一个被称为 CSWAP 的条件交换指令时，SWAP 就有了存在的意义。CSWAP 可以通过使用 3 个 CCNOT 来实现，如图 3-22 所示。

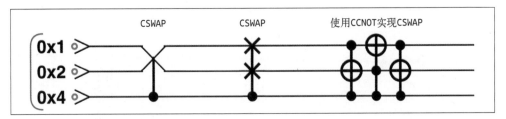

图 3-22：CSWAP 可以由 CCNOT 实现

如果条件量子比特处于叠加态，那么参与 CSWAP 运算的两个量子比特最终会处于一种既被交换，又没有被交换的叠加态。在第 5 章和第 12 章中，我们将看到 CSWAP 的这一特性如何帮助我们在量子叠加态中执行乘以 2 的运算。

交换测试

利用 SWAP 运算，能够构建一个非常有用的电路，即**交换测试**（swap test）。交换测试电路解决了以下问题：针对两个量子比特寄存器，如何判断它们是否处于**相同的状态**？到目前为止，我们已经非常清楚，通常不能使用具有破坏性的读取操作来完全了解每个寄存器的状态。相比读取操作，SWAP 的做法更聪明。在不告诉我们两个寄存器处于什么状态的情况下，它让我们得以判断二者是否相等。

在不一定能准确地了解输出寄存器中的内容时，交换测试是非常有用的工具。图 3-23 展示了实现交换测试的电路，代码如示例 3-4 所示。

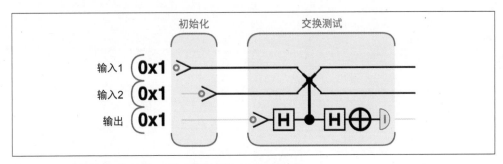

图 3-23：使用交换测试判断两个寄存器是否处于相同的状态

示例 3-4 交换测试

```
// 在本示例中,交换测试将揭示两个输入状态是否相等
qc.reset(3);
var input1 = qint.new(1, 'input1');
var input2 = qint.new(1, 'input2');
var output = qint.new(1, 'output');

// 初始化为要测试的任意状态
input1.write(0);
input2.write(0);

// 交换测试
output.write(0);
output.had();
// 以输出量子比特的值作为条件,交换两个输入量子比特
input1.exchange(input2, 0x1, output.bits());
output.had();
output.not();
var result = output.read();
// 如果输入相等,那么结果为1
```

示例 3-4 使用交换测试来比较两个单量子比特寄存器的状态,可以轻松地扩展该电路,将其用于比较多量子比特寄存器。当读取额外引入的单量子比特输出寄存器时[7],就会知道交换测试的结果。通过更改示例 3-4 中的 input1.write(0) 和 input2.write(0),你可以尝试不同范围的输入。你会发现,如果两个输入状态相等,那么输出寄存器总是处于 |1⟩ 态,因此当读取该寄存器时,得到的结果一定是 1。不过,随着两个输入的差异越来越大,在读取输出寄存器时得到 1 的概率越来越低,最终,在 input1 和 input2 分别处于 |0⟩ 态和 |1⟩ 态时变为 50%。图 3-24 精确地显示了输出寄存器的读取结果概率是如何随着两个输入寄存器之间的相似度的增加而变化的。

注 7:无论输入寄存器有多大,输出都是单个量子比特。

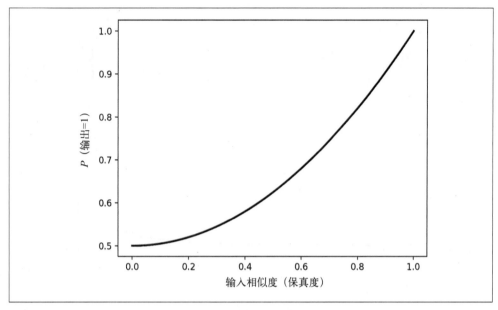

图 3-24：交换测试的输出随着输入状态相似度增加的变化情况

图 3-24 中的 x 轴使用**保真度**（fidelity）这个概念来衡量两个输入寄存器状态之间的差值。我们不会讨论如何计算 QPU 寄存器状态之间的保真度，只需知道它是比较两个叠加态的数学方法即可。

通过多次运行交换测试，可以分析得到的结果。观测到结果为 1 的次数越多，我们就越确信这两个输入状态相等。需要重复交换测试的确切次数取决于我们多么确信这两个输入状态相等，以及它们接近到什么程度才能被认为"相等"。图 3-25 显示了 99% 确信输入状态相等所需的交换测试次数下限。图中 y 轴方向的变化显示了当放松对输入相等的要求时（随 x 轴变化），所需的交换测试次数是如何变化的。注意，当交换测试的结果为 0 时，我们就确信两个输入状态不相等[8]。

注 8：实际上，如果真正满足于接近但并不完全相等的状态，我们可能会允许结果为 0 的情况出现，也可能会允许计算中出现错误。对于这个简单的分析示例，我们忽略了这些可能性。

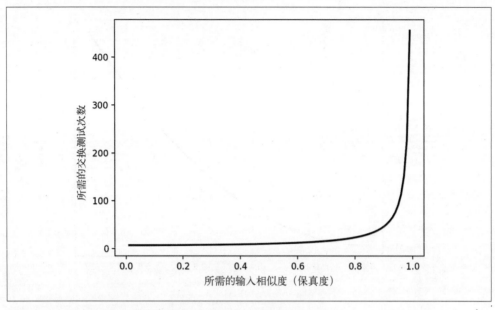

图 3-25：所需的交换测试次数随着所需的输入相似度变化而变化

除了判断两个状态是否相等，交换测试的另一个用途是，测试结果为 1 的概率可以用来衡量两个输入状态的相似度（保真度），如图 3-24 所示。如果重复交换测试的次数足够多，我们就可以估计测试结果为 1 的概率，从而估计保真度，这是更能量化两个状态接近程度的方法。在量子机器学习应用中，这种精确地估计两个量子态相似度的方法十分有用。

3.10 构造任意的条件运算

我们已经学习了 CNOT 指令和 CPHASE(θ) 指令，那么是否有 CHAD（条件 HAD）或 CRNOT（条件 RNOT）之类的指令呢？确实有！即使 QPU 指令集缺少某个单量子比特指令的条件版本，我们也可以通过组合操作将单量子比特指令"转换"为多量子比特条件指令。

条件化单量子比特指令所涉及的数学知识超出了本书范畴，不妨通过一个例子来理解这个过程。核心思想是将单量子比特运算分成更小的步骤。事实证明，总是可以将单量子比特运算分解为一组步骤，这样做就可以使用 CNOT 来有条件地撤销操作。最终，我们将可以有条件地选择是否执行运算。

用一个简单的例子来帮助我们理解。假设我们为 QPU 编写的软件可以执行 CNOT、CZ 和 PHASE(θ) 等运算，但是不能执行 CPHASE(θ) 运算。其实，这种情况在当前的 QPU 中很常见。幸运的是，我们可以很容易地基于这些基本指令自己实现 CPHASE(θ) 运算。

回顾双量子比特 CPHASE(θ) 运算的预期效果：为寄存器中两个量子比特都为 |1) 的值旋转相位。图 3-26 显示了 CPHASE(90) 的效果。

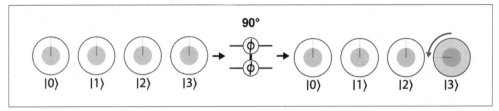

图 3-26：CPHASE(90) 的预期效果

通过旋转更小的角度，可以很容易地将 PHASE(90) 分解成较小的步骤，如 PHASE(90)=PHASE(45) PHASE(45)。我们还可以通过反向旋转来撤销旋转操作，例如 PHASE(45)PHASE(-45) 相当于不对量子比特执行任何操作。基于这些做法，可以使用图 3-27 和示例 3-5 中的运算构造图 3-26 中的 CPHASE(90) 运算。

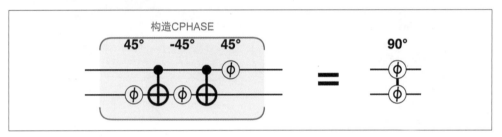

图 3-27：构造 CPHASE(90) 运算

示例代码

请在 http://oreilly-qc.github.io?p=3-5 上运行本示例。

示例 3-5　自定义条件相位

```
var theta = 90;

qc.reset(2);
qc.write(0);
qc.hadamard();

// 使用2个CNOT和3个PHASE
qc.phase( theta / 2, 0x2);
qc.cnot(0x2, 0x1);
qc.phase(-theta / 2, 0x2);
qc.cnot(0x2, 0x1);
qc.phase( theta / 2, 0x1);

// 构造用于两个量子比特的CPHASE
qc.phase(theta, 0x1, 0x2);
```

在对这个电路中每个可能的输入进行操作之后，我们发现它只在两个量子比特都是 |1) 时（输入是 |1)|1)）才执行 PHASE(90)。这是因为，PHASE 指令对处于 |0) 态的量子比特没有影响。图 3-28 用圆形表示法逐步展示了图 3-27 中的运算过程。

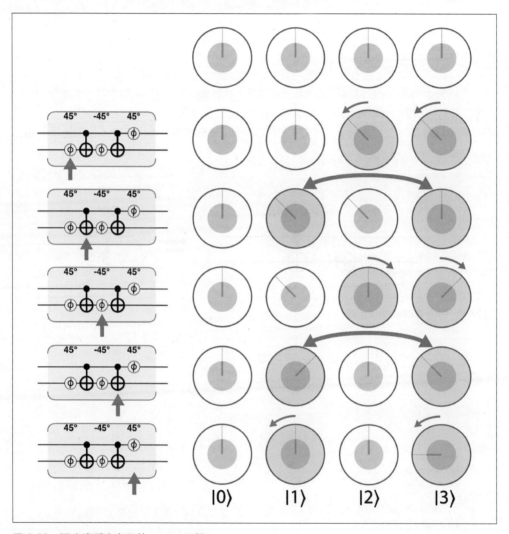

图 3-28：逐步查看自定义的 CPHASE 运算

 虽然示例电路正确地实现了 CPHASE(90)，但是条件化其他运算通常更复杂。要了解完整的做法和解释，请参阅第 14 章。

3.11 实践：远程控制随机性

借助多量子比特运算，我们可以利用一个远程控制随机数生成的小型 QPU 程序，来探索量子纠缠的一些有趣但不明显的特性。这个程序将生成两个量子比特，读取其中一个量子比特会立即影响另一个量子比特读取结果的概率，而且这种影响不受空间或时间限制。借助 QPU，这个看似不可能完成的任务实现起来异常简单。

下面介绍这种远程控制的原理。我们以这种方式操作一对量子比特：读取其中任何一个量子比特都将返回一个随机值（出现概率为 50%），这个值会告诉我们另一个量子比特读取结果的概率。如果返回的随机值为 0，那么从另一个量子比特读出 1 的概率为 15%。反之，如果返回 1，那么从另一个量子比特读出 1 的概率为 85%。

示例 3-6 展示了如何实现上述远程控制的随机数生成器。如同在示例 3-1 中所做的那样，我们使用 QCEngine 的 qint 对象轻松地跟踪量子比特组。

示例代码

请在 http://oreilly-qc.github.io?p=3-6 上运行本示例。

示例 3-6 远程控制随机性

```
qc.reset(2);
var a = qint.new(1, 'a');
var b = qint.new(1, 'b');
qc.write(0);
a.had();
// 现在a的概率是50%
b.had();
b.phase(45);
b.had();
// 现在b的概率是15%
b.cnot(a);
// 读取任意一个量子比特，结果的概率是50%
// 如果结果为0，那么另一个量子比特为1的概率为15%，否则为85%
var a_result = a.read();
var b_result = b.read();
qc.print(a_result + ' ');
qc.print(b_result + '\n');
```

我们通过图 3-29 中的圆形表示法来逐步看一看程序中每个操作的效果。

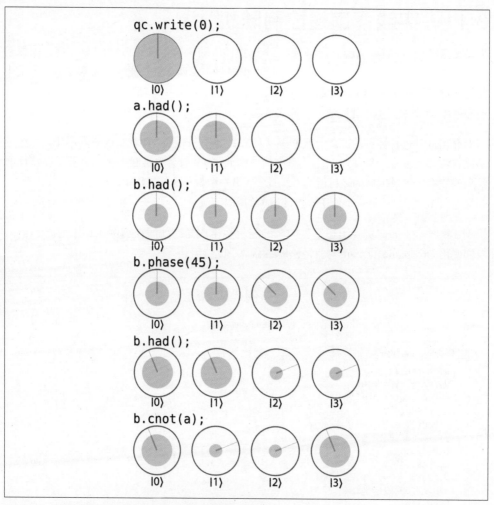

图 3-29：使用圆形表示法逐步查看远程控制随机性程序

在完成这些步骤之后，我们得到两个处于纠缠态的量子比特。请思考，如果在图 3-29 的结尾状态读取量子比特 a，会得到什么结果？如果读取结果是 0（概率为 50%），那么只会保留与这种状态相关的圆，也就是 |0⟩|0⟩=|0⟩ 和 |1⟩|0⟩=|2⟩，因此两个量子比特变成图 3-30 所示的状态。

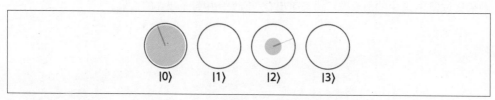

图 3-30：在远程控制随机性程序中，一个量子比特的读取值为 0 时的状态

在这个状态下，读取量子比特 b 的值为 0 和 1 的概率均非零。具体地说，值为 0 的概率是 85%，值为 1 的概率是 15%。

考虑另一种情况。假设在首次读取量子比特 a 时得到的值为 1（概率也是 50%），那么只保留 |0⟩|1⟩=|1⟩ 和 |1⟩|1⟩=|3⟩，如图 3-31 所示。

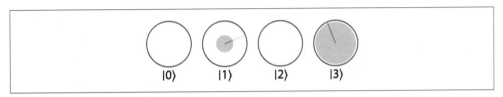

图 3-31：在远程控制随机性程序中，一个量子比特的读取值为 1 时的状态

现在，量子比特 b 的读取结果为 0 的概率是 15%，为 1 的概率是 85%。

虽然能够瞬间改变量子比特 b 的读取值的概率分布，但是我们无法主观地控制结果。也就是说，我们无法决定概率比值是 85%/15% 还是 15%/85%，这是因为量子比特 a 的读取结果是随机的。不过，这是一个很好的特性，因为如果我们能够确切地做出这种改变，就可以利用量子纠缠来瞬间发送信号，速度甚至比光速还快。尽管超光速听起来很有趣，但如果真的如此，就会有坏事发生[9]。实际上，量子纠缠最奇怪的一点是，它让我们可以相隔任意距离瞬间改变量子比特的状态，但并不能发送我们可以理解、预先确定的信息。宇宙似乎并不热衷于科幻小说。

3.12　小结

我们已经了解了如何通过单量子比特指令和多量子比特指令在 QPU 中操纵叠加态和纠缠态。有了这些知识，就能以全新且强大的方式利用 QPU 进行计算了。在第 5 章中，我们将学习如何重新构造基本的数字逻辑，但在那之前，先在第 4 章中对量子隐形传态进行一番探索。量子隐形传态是许多量子应用的基本组成部分，探索它有助于巩固我们迄今为止学到的有关描述和操作量子比特的所有知识。

注 9：例如向过去发送信息以违反因果关系。在电影《回到未来》里，Emmett Brown 博士那了不起的成果证明了这种恶作剧的危险性。

第 4 章

量子隐形传态

本章介绍一个 QPU 程序，它能够在相隔 3.1 毫米的距离上瞬间传送一个物体！只要有合适的设备，同样的代码也适用于星际传送。

尽管**传送**（teleportation）可能会让人联想到魔术师玩的把戏，但我们会看到，用 QPU 执行的量子传送同样令人印象深刻，且更为实用。这种传送叫作**量子隐形传态**（quantum teleportation），它实际上是 QPU 编程的关键概念。

4.1　动手尝试

学习量子隐形传态的最佳方法就是动手尝试。请记住，在整个人类历史上，迄今为止只有区区几千人进行过某种形式的物理隐形传态实验。因此，只要运行下面的代码，你就会成为这一领域的先驱者。

具体地说，我们将使用 IBM 的五量子比特 QPU 运行这个示例，而不是使用模拟器，如图 4-1 所示。你可以将示例 4-1 中的代码粘贴到 IBM Q Experience 网站上，单击按钮，确认你的隐形传态实验成功。

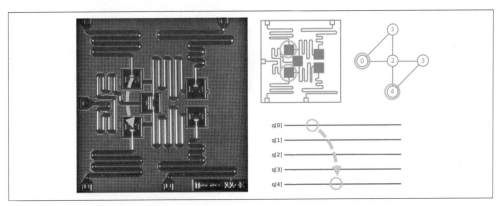

图 4-1：因为 IBM 的芯片很小，所以量子比特不需要跑太远。图片和示意图展示了我们将在 QPU 中进行传送操作的区域[1]

在 IBM Q Experience 网站上可以使用 OpenQASM[2] 和 Qiskit[3] 进行编程。注意，示例 4-1 中的代码**不是**要在 QCEngine 上运行的 JavaScript 代码，而是要通过 IBM 的云接口在线运行的 OpenQASM 代码，如图 4-2 所示。这样做不仅可以让你模拟，还可以让你实际传送一个量子比特，这个量子比特目前在 IBM 位于美国纽约州约克敦高地的研究中心里。本书会教你怎么做。仔细地研究这段代码有助于理解量子隐形传态的原理。

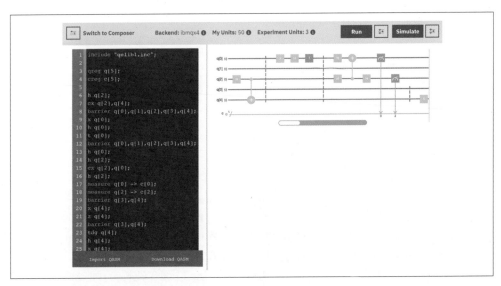

图 4-2：IBM Q Experience（QX）OpenQASM 在线编辑器[4]

注 1：由 IBM 公司提供，© IBM 公司。

注 2：OpenQASM 是 IBM Q Experience 网站支持的量子汇编语言。

注 3：Qiskit 是一个开源软件开发工具包，用于 IBM Q 量子处理器的开发。

注 4：由 IBM 公司提供，© IBM 公司。

请在 http://oreilly-qc.github.io?p=4-1 上运行本示例。

示例代码

示例 4-1 量子隐形传态及验证

```
include "qelib1.inc";
qreg q[5];
creg c[5];

// 第1步：创建纠缠对
h q[2];
cx q[2],q[4];
barrier q[0],q[1],q[2],q[3],q[4];

// 第2步：准备有效载荷
x q[0];
h q[0];
t q[0];
barrier q[0],q[1],q[2],q[3],q[4];

// 第3步：发送
h q[0];
h q[2];
cx q[2],q[0];
h q[2];
measure q[0] -> c[0];
measure q[2] -> c[2];
barrier q[3],q[4];

// 第4步：接收
x q[4];
z q[4];
barrier q[3],q[4];

// 第5步：验证
tdg q[4];
h q[4];
x q[4];
measure q[4] -> c[4];
```

在探讨细节之前，先澄清一些要点。我们所讨论的量子隐形传态是指这样一种能力：将一个量子比特的精确状态（强度和相对相位）传送给另一个量子比特。我们的目的是取出第一个量子比特包含的所有信息，并将这些信息放入第二个量子比特中。由于量子信息不可复制，因此，当我们将信息从第一个量子比特传送到第二个量子比特时，前者的信息必然会被破坏。因为量子级别的描述是对物体最完整的描述，所以量子隐形传态实际上正是人们通常认为的传送，只不过是在量子层面上[5]。

注 5：当然，需要注意的是，人类是由许许多多的量子态组成的。因此，传送量子态与任何将量子隐形传态作为一种传输方式的想法都相去甚远。换句话说，尽管量子隐形传态这种说法很准确，但《星际迷航》里的 Reginald Barclay 上尉暂时还不用担心这种技术。

闲话少说，让我们开始实现量子隐形传态吧！量子隐形传态的入门教科书常以一个故事开始，情节是这样的：处于纠缠态的一对量子比特由 Alice 和 Bob 共享（物理学家热衷于将字母表拟人化）。Alice 将使用这一对量子比特来向 Bob 传送**另一个量子比特**的状态。也就是说，量子隐形传态涉及 3 个量子比特：Alice 想传送的量子比特（有效载荷），以及她与 Bob 共享的一对处于纠缠态的量子比特（其作用有点像量子以太网电缆）。Alice 首先准备好有效载荷，然后使用 HAD 指令和 CNOT 指令将有效载荷量子比特与她持有的一个量子比特纠缠在一起（这个量子比特已经与 Bob 持有的量子比特纠缠在一起了）。接着，她使用 READ 指令破坏有效载荷量子比特和她所持有的那个量子比特。读操作的结果就是她要发送给 Bob 的两个传统比特。由于要发送的是传统比特，而非量子比特，因此 Alice 可以使用传统的以太网电缆来发送。使用这两个传统比特，Bob 对他所持有的那个纠缠对中的量子比特执行一些单量子比特运算，就能神奇地得到 Alice 的有效载荷量子比特。

在详细介绍本例涉及的量子运算协议之前[6]，我们猜测你会有这样的疑惑："等等，如果 Alice 是通过以太网电缆给 Bob 发送常规信息的，那这有什么值得说道的呢？"你真可谓目光如炬！的确，量子隐形传态的成功在很大程度上依赖于传统（数字）比特的传输。我们已经知道，完整描述任意量子比特状态所需的强度和相对相位可以取连续值。关键的是，即使 Alice 不知道其量子比特状态，隐形传态协议也能奏效。这一点特别重要，因为在未知状态下，无法确定单个量子比特的强度和相对相位。然而，借助一对相互纠缠的量子比特，只需两个传统比特即可有效地传送量子比特的精确状态（无论其振幅是多少）。并且，这个状态将无限精确！

如何实现上述"魔法"呢？图 4-3 展示了必须对所涉及的 3 个量子比特执行的运算，其中所有的运算都在第 2 章和第 3 章中介绍过。

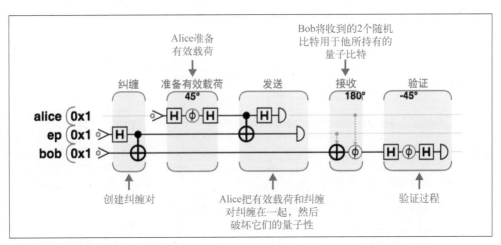

图 4-3：完整的量子隐形传态电路图：Alice 持有量子比特 alice 和 ep，Bob 则持有量子比特 bob

注 6：要查看 OpenQASM 版本和 QCEngine 版本的完整源代码，请参考示例 4-1。

如果将示例 4-1 中的代码复制到 IBM QX 系统中，那么用户界面将显示如图 4-4 所示的电路。注意，这在本质上与图 4-3 所示的程序完全相同，只不过显示方式略有不同。因为我们一直使用的量子门表示法是标准化的表示法，所以你在其他地方也会看到它的身影[7]。

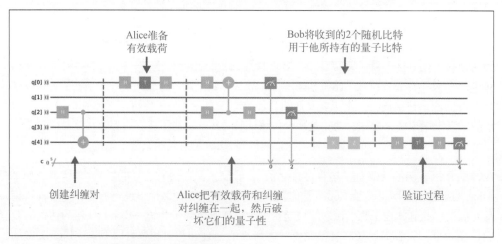

图 4-4：IBM QX[8] 中的量子隐形传态电路图

当单击 Run 按钮时，IBM 将运行程序 1024 次（这个数字可以调整），然后显示所有运行结果的统计信息。在运行程序之后，你应该会看到与图 4-5 所示的条形图相似（尽管不完全相同）的图表。

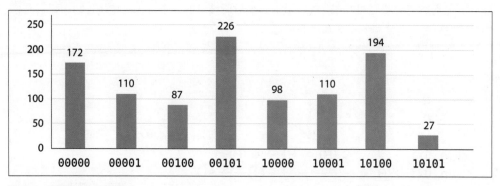

图 4-5：程序的运行结果

成功了吗？也许吧！为了演示如何理解这些结果，让我们更详细地研究 QPU 程序中的每个步骤，并使用圆形表示法来可视化量子比特的变化情况[9]。

注 7：像 CNOT 和 HAD 这样的量子门能够以不同的方式组合起来产生相同的结果。有些运算在 IBM QX 和 QCEngine 中的分解形式不同。

注 8：由 IBM 公司提供，© IBM 公司。

注 9：示例 4-1 列出了这个例子的完整源代码。

在编写本书时，IBM QX 中的电路图和程序运行结果显示了 QPU 中所有 5 个量子比特的情况，即使程序没有全部使用它们，也会如此。这就是为什么图 4-4 中的电路图有两根空的量子比特线，以及为什么图 4-5 中的每个结果有 5 位。其实，因为我们仅用了 3 个量子比特，所以条形图显示了 8 种组合的结果，即 $2^3 = 8$。

4.2　程序步骤

因为量子隐形传态示例使用了 3 个量子比特，所以对它们的完整描述需要 8 个圆（$2^3=8$，每个可能的组合对应 1 个圆）。我们将 8 个圆排列成两行，这样做有助于直观地理解运算如何影响这 3 个量子比特。在图 4-6 中，我们根据特定的值标记了每一行和每一列的圆。通过研究每个圆对应的寄存器的二进制值，可以检查这些标签是否正确。

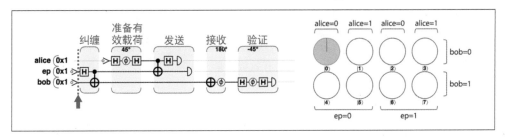

图 4-6：完整的量子隐形传态及验证程序

在处理多量子比特寄存器时，我们通常会像图 4-6 中那样将圆按行和列来排列。通过这种方法，我们总是能够快速地发现各个量子比特的不同表现。

如图 4-6 所示，在程序刚开始运行时，所有 3 个量子比特都被初始化为 |0⟩ 态，唯一可能的值是同时满足 alice=0、ep=0 和 bob=0 的值。

4.2.1　步骤1：创建纠缠对

量子隐形传态的第 1 个任务是创建纠缠对。我们结合使用 HAD 和 CNOT 来完成这个任务，做法与我们在第 3 章中创建贝尔对的做法相同。从图 4-7 中不难看出，如果读取 bob 和 ep，那么值是随机的（0 或 1，概率均为 50%），但无论如何，bob 和 ep 的值都相等，即它们彼此纠缠。

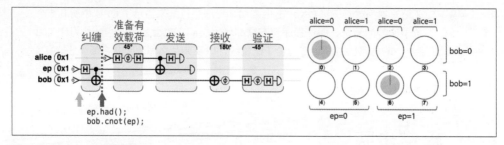

图 4-7：步骤 1：创建纠缠对

4.2.2　步骤2：准备有效载荷

在创建纠缠对之后，Alice 便可以准备要发送的有效载荷。当然，准备方式取决于她想发送给 Bob 的（量子）信息的性质。Alice 可能会将一个值写入有效载荷量子比特，将它与其他 QPU 数据纠缠在一起，甚至从 QPU 的某个其他部分之前的计算中获取有效载荷。

在本例中，Alice 不会进行炫酷的操作，而只会使用 HAD 和 PHASE 制备一个特别简单的有效载荷量子比特。这样做的好处是，生成的有效载荷量子比特在圆形表示法中具有易于理解的模式，如图 4-8 所示。

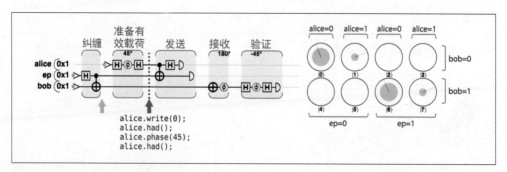

图 4-8：步骤 2：准备有效载荷

可以看到，量子比特 bob 和 ep 仍然相互依赖。（只有当 bob 和 ep 的值相等时，对应的圆才具有非零的强度。）此外，alice 的值不依赖于其他两个量子比特中的任何一个，而且她在有效载荷准备阶段生成的量子比特有 85.4% 的概率处于 |0⟩ 态，有 14.6% 的概率处于 |1⟩ 态，并且其相对相位为 –90°。（alice=1 的圆相对于 alice=0 的圆顺时针旋转了 90°，根据我们的约定，这相当于 –90°。）

4.2.3　步骤3.1：将有效载荷链接到纠缠对

我们在第 3 章中知道，利用 CNOT 指令的条件参数，可以纠缠两个量子比特的状态。Alice 利用这个特性把有效载荷量子比特与纠缠对中她所持有的那个量子比特纠缠在一起。在圆形表示法中，这个操作会交换两个圆，如图 4-9 所示。

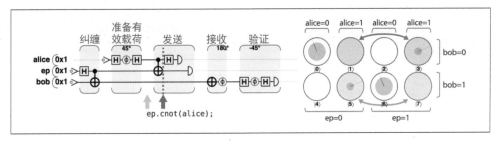

图 4-9：步骤 3.1：将有效载荷链接到纠缠对

现在有了**多个纠缠态**，为了避免混乱，有必要梳理一下。Alice 和 Bob 已经各持有纠缠对中的一个量子比特（在步骤 1 中生成）。现在，Alice 把**另一个量子比特**（有效载荷量子比特）与已经相互纠缠的一对量子比特中的一个纠缠在了一起。根据直觉可知，在某种意义上，尽管有效载荷量子比特没有改变，但是 Alice 已经通过代理将它与纠缠对中 Bob 手头的那个量子比特联系了起来。对她的有效载荷执行读操作，结果将与其他两个量子比特的结果在逻辑上是相通的。这种相通性体现在，QPU 寄存器状态只包含 3 个量子比特的异或运算结果都为 0 的条目。之前，只有 ep 和 bob 是如此，现在构成三量子比特纠缠组的全部量子比特都是如此。

4.2.4　步骤3.2：将有效载荷置于叠加态

为了使 Alice 为其有效载荷创建的链接实际有用，她需要对有效载荷执行 HAD 运算来完成处理，如图 4-10 所示。

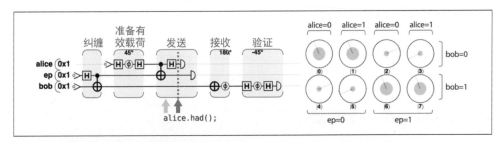

图 4-10：步骤 3.2：将有效载荷置于叠加态

为了弄清楚为什么 Alice 需要执行 HAD 运算，来看看 3 个量子比特的状态，如图 4-10 所示。在每一列中都有一对圆，表示 Bob 可能接收到的量子比特。（稍后将看到，Bob 接收到的量子比特取决于 Alice 执行的读操作的结果。）有趣的是，Bob 可能接收到的 4 种状态都是 Alice 的初始有效载荷的变体。

- 第 1 列（alice=0 且 ep=0）：Bob 将得到 Alice 的有效载荷，这与 Alice 准备的完全相同。

- 第 2 列（alice=1 且 ep=0）：Bob 将得到 Alice 的有效载荷，只不过结果应用了 PHASE(180)。
- 第 3 列（alice=0 且 ep=1）：Bob 将得到正确的有效载荷，但是结果应用了 NOT（|0⟩ 和 |1⟩ 被翻转）。
- 第 4 列（alice=1 且 ep=1）：Bob 将得到正确的有效载荷，但是结果应用了 PHASE(180) 和 NOT。

Alice 在读取量子比特时会破坏强度信息和相位信息。（试试看！）通过执行 HAD 运算，Alice 能够使 Bob 的量子比特状态更接近她的有效载荷状态。

4.2.5　步骤3.3：读取Alice的两个量子比特

接下来，Alice 将读取有效载荷量子比特和她所持有的纠缠对中的那个量子比特。该操作将不可避免地破坏这两个量子比特。你可能想知道为什么 Alice 要这么做。正如我们将看到的，破坏性读操作的结果是隐形传态协议起作用的关键。即使利用纠缠态，也无法复制量子态。要传递量子态，唯一的选择是将其传送出去。在传送时，**必须破坏原始的量子态**。

在图 4-11 中，Alice 读两个量子比特，此操作返回两位（两个传统比特）。

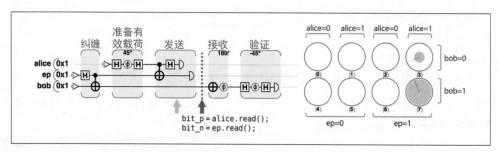

图 4-11：步骤 3.3：读取 Alice 的两个量子比特

图 4-11 显示，通过读取手头的量子比特，Alice 选择了一列圆（具体取决于随机读取结果），并使除这一列之外的圆的强度为零。

4.2.6　步骤4：接收和转换

4.2.4 节提到，Bob 的量子比特最终可能处于 4 种状态之一——通过应用 NOT 和 PHASE(180)，每种状态都与 Alice 的有效载荷相关。如果 Bob 能够知道他拥有这 4 种状态中的哪一种，就可以应用必要的逆运算将其转换回 Alice 的初始有效载荷。Alice 通过读操作得到的两位正是 Bob 所需要的信息！在这个阶段，**Alice 只需拿起电话，将这两位告诉 Bob 即可**。

根据收到的两位，Bob 能够确定圆形表示法视图中的哪一列表示他的量子比特。如果第一位是 1，那么 Bob 将对量子比特执行 NOT 运算。如果第二位是 1，他还要执行 PHASE(180) 运算，如图 4-12 所示。

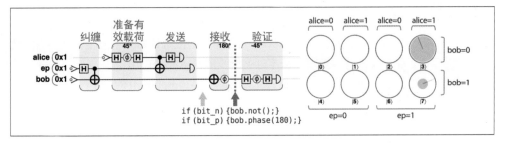

图 4-12：步骤 4：接收和转换

至此，隐形传态协议创建完成——Bob 现在持有的量子比特与 Alice 的初始有效载荷别无二致。

需要通过**前馈运算**（feed-forward operation）使 Alice 的随机读取结果能控制 Bob 的行为，但当前的 IBM QX 硬件并不支持这种运算。这个缺点可以通过使用**事后选择**（post-selection）来弥补——不管 Alice 发送什么，Bob 都执行相同的操作。这种行为可能会让 Alice 生气，如图 4-13 所示。不论如何，Bob 会查看所有输出，只留下与 Alice 提供的信息相一致的结果。

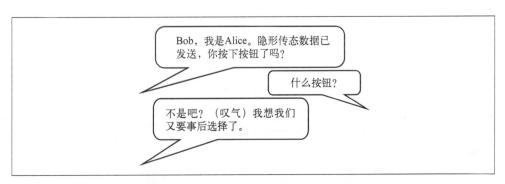

图 4-13：作为前馈运算的替代方案，假设 Bob 先是漫不经心，然后丢弃所有错误决定

4.2.7　步骤5：验证结果

只要对自己的 QPU 硬件有信心，Alice 和 Bob 就完全可以放心地使用这种量子隐形传态——Bob 收到的一定是 Alice 所传送的，他随后可以在任意更大的量子应用程序中使用收到的量子比特。

如果想验证 QPU 硬件正确地传送了量子比特（甚至不介意在传送过程中破坏这个量子比特），该怎么做呢？

唯一的选择是读取 Bob 最终得到的量子比特。当然，永远不能期望通过一次读操作来了解（并因此验证）Bob 的量子比特状态。不过，通过重复整个传送过程并执行多次读操作，能够大致有所了解。

事实上，要在物理设备上验证隐形传态协议，最简单的方法是让 Bob 针对他最终持有的量子比特执行"准备有效载荷"步骤，只不过这个步骤是 Alice 在 |0⟩ 态下创建有效载荷的逆运算。如果与 Alice 发送的那个量子比特完全匹配，那么 Bob 持有的量子比特将保持 |0⟩ 态。如果 Bob 随后执行读操作，那么只会得到 0。如果结果不为 0，则说明隐形传态失败。这个用于验证的附加步骤如图 4-14 所示。

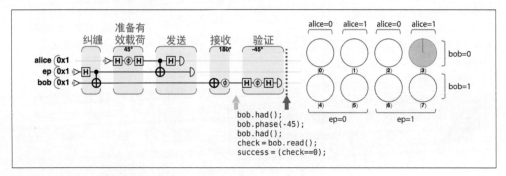

图 4-14：步骤 5：验证结果

即使 Alice 和 Bob 将隐形传态用于重要的工作，他们也可能会在实际传送中加入如上所述的大量验证测试，以确保 QPU 正常工作。

4.3　解释结果

在深入理解隐形传态的原理及妙处之后，让我们回过头来，看看利用 IBM QX 系统进行的隐形传态实验。我们目前的知识足以解释实验结果。

整个隐形传态协议涉及三次读操作，其中两次是隐形传态的一部分，由 Alice 执行，一次用于验证，由 Bob 执行。图 4-5 列出了在 1024 次隐形传态尝试中，8 种可能的结果组合各自的出现次数。

前文提到过，我们在 IBM QX 硬件上针对 Bob 执行的操作采取事后选择策略，就好像他根据 Alice 的读操作结果执行正确的操作一样。由于 Bob 总是针对他所持有的量子比特执行 NOT 和 PHASE(180)，因此我们需要在 Alice 的读操作结果为 11 时进行事后选择。这将把实验结果分为两组，在其中一组中，Bob 的操作碰巧与 Alice 的读操作结果匹配[10]，如图 4-15 所示。

注 10：从图 4-4 可知，Alice 使用了第 3 位和第 5 位。因此，如果 Alice 的读操作结果为 11，就说明第 3 位和第 5 位均为 1。——编者注

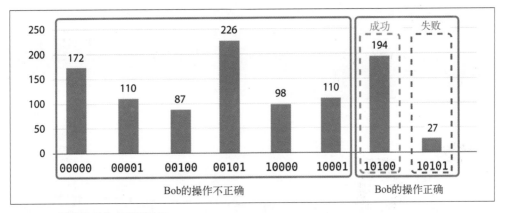

图 4-15：解释隐形传态实验结果

在 Bob 操作正确的 221 次中，当他的验证结果为 0 时 [11]，隐形传态成功。也就是说，隐形传态成功 194 次，失败 27 次。考虑到 Alice 和 Bob 使用的设备在 2019 年算是最好的，87.8% 的成功率并不差。不过，在发送重要信息前仍然需要三思而后行。

 如果 Bob 接收到的量子比特**几乎**与 Alice 发送的一样（但不完全一样），那么验证程序很可能发现不了错误。只有多次运行测试程序，才能确信设备运行良好。

4.4 如何利用隐形传态

令人惊讶的是，隐形传态是基本的 QPU 操作，即使在没有明显的"通信"功能的应用中也是如此。它使得我们能够突破"不可复制"的限制，在量子比特之间传递信息。事实上，作为量子应用的一个组成部分，隐形传态的大多数实际应用是在 QPU 内非常短的距离上进行的。你将在接下来的几章中看到，针对两个或多个量子比特进行的大多数运算利用各种纠缠态发挥作用。利用这种量子链接进行计算通常可以看作对隐形传态概念的应用。虽然在本书所涉及的算法和应用中，我们可能没有明确地提到隐形传态，但它起着至关重要的作用。

4.5 著名的隐形传态事故带来的乐趣

作为科幻迷，我们个人最喜欢的隐形传态应用是经典的惊悚电影《变蝇人》（*The Fly*）。不论是 1958 年的原版，还是更具现代感的 1986 年版，都有一个容易出错的隐形传态实验。在主人公发现他的猫无法正确地传送信息时，他认为接下来合乎逻辑的步骤是亲自尝试，但是他不知道一只苍蝇已经和他一起进入了传送舱。

注 11：也就是第 1 位为 0，验证原理详见 4.2.7 节。——编者注

我们不得不十分遗憾地告诉你一个消息：实际的量子隐形传态达不到《变蝇人》所描述的能力。为了弥补遗憾，我们准备了一份示例代码，用来传送苍蝇的量子图像（甚至包含电影情节所需的少量错误）。请在 http://oreilly-qc.github.io?p=4-2 上运行代码，结果如图 4-16 所示。

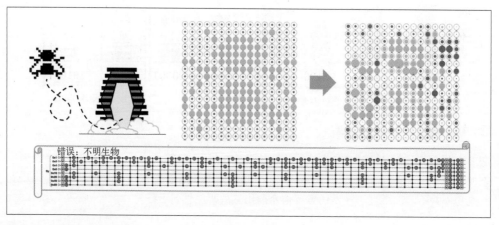

图 4-16：可怕，非常可怕

第二部分

QPU原语

你已经掌握了描述和操作量子比特的基础知识，接下来可以了解一些更高级的 QPU 原语。这些原语有助于构建完整的量子应用程序。

非常笼统地说，量子应用程序往往具有如图 II-1 所示的结构。

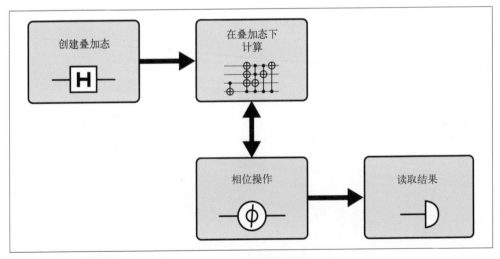

图 II-1：量子应用程序的大体结构

QPU 原语帮助我们填充这个结构。在图 II-1 所示的 4 个步骤中，与第 2 个步骤（在叠加态下计算）相关联的原语让我们能够利用叠加态的隐式并行性进行计算，实现第 3 个步骤（相位操作）的原语则确保能够以可行的方式读取结果。

上述步骤通常一起执行，并且在迭代中多次应用，具体方式取决于特定的应用程序。每一步并没有通用的原语，我们实际上需要一个原语库。接下来的 4 章将分别介绍表 II-1 列出的 QPU 原语。

表II-1：本书所涉及的QPU原语

原语描述	类　型	章　号
量子算术与逻辑	在叠加态下计算	第 5 章
振幅放大	相位操作	第 6 章
量子傅里叶变换	相位操作	第 7 章
量子相位估计	相位操作	第 8 章

每一章首先从实践角度介绍原语，然后概述该原语的实际用法。第 6 ~ 8 章包含题为"QPU 内部"的一节，这些内容大多根据第 2 章和第 3 章中的基本 QPU 指令进行分解，有助于理解原语的工作方式。

QPU 编程的艺术在于确定如何组合表 II-1 中的原语，以针对给定的应用程序构造出如图 II-1 所示的结构。本书的第三部分将展示一些示例。

知道前进方向之后，让我们开始收集 QPU 原语吧！

第 5 章

量子算术与逻辑

相比于传统的应用程序，QPU 应用程序的优势在于能够在叠加态下进行大量的逻辑运算[1]。

上述优势的重点是将简单的算术运算应用于处于叠加态的量子比特寄存器，本章将详细讨论如何做到这一点。我们会先在较为抽象的层面上讨论传统编程所涉及的算术运算，即处理整数和变量，而不是量子比特；然后，我们会深入地研究基本的量子逻辑运算（类似于基本的数字逻辑门）。

5.1 奇怪的不同

传统的数字逻辑有许多很好的优化方法来执行算术运算。为什么不能直接把传统比特替换为量子比特，然后用在 QPU 中呢？

当然，问题是传统的运算一次只针对一组输入，而量子运算中的输入寄存器通常处于叠加态。为此，我们希望量子运算影响叠加态中的**所有值**。

让我们从一个简单的例子开始，来理解如何针对叠加态进行逻辑运算。假设有 3 个单量子比特 QPU 寄存器，分别记为 a、b、c。我们想实现以下逻辑：if (a and b) then invert c。也就是说，如果 a 的值是 |1⟩，并且 b 的值也是 |1⟩，就将 c 的值翻转。我们在图 3-20 中看到过，可以利用托佛利门直接实现这个逻辑。如果 a 的值是 |1⟩，而 b 的值是 |0⟩，那么托佛利门对 c 没有影响。如图 5-1 所示，托佛利门会直接交换 |3⟩ 圆和 |7⟩ 圆，而不考虑其中

注 1：只有叠加态是不够的。正如第二部分的介绍所述，关键的步骤是确保能够以可行的方式读取并行计算结果，而不是让计算结果一直隐藏在量子态中。

的内容。因为 |3⟩ 圆和 |7⟩ 圆都是空心圆，所以交换操作并没有实际影响。

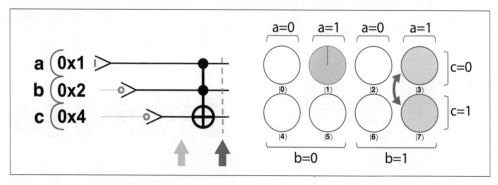

图 5-1：当 b=0 时，交换操作没有影响

现在假设使用第 2 章介绍过的 HAD 指令使 b 处于 |0⟩ 和 |1⟩ 的叠加态，那么该对 c 做什么操作呢？如果处理得当，那么 c 应该处于**既被翻转又不被翻转**的叠加态，如图 5-2 所示。显然，传统的托佛利门无法完成这个把戏，我们需要作用于量子寄存器的托佛利门。图 5-2 中的圆形表示法有助于理解量子版托佛利门应该对叠加态输入执行何种操作。

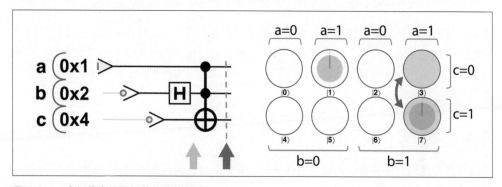

图 5-2：一个托佛利门同时执行两个操作

要在 QPU 中正确地操作量子比特，还有一些其他的要求。尽管其中一些要求并不是必需的，但是在为 QPU 构造各种算术运算和逻辑运算时，仍然需要记住它们。

移动和复制数据

我们已经知道，量子比特不可复制，这是量子逻辑和数字逻辑的一大区别。移动或复制数字比特是传统的 CPU 所执行的最常见的操作。QPU 可以使用 SWAP 指令移动量子比特，使之与其他量子比特交换，但是 QPU 永远不能执行复制指令。因此，不能将在处理数值时常用的运算符 = 用于将一个量子比特的值赋给另一个量子比特。

可逆性与数据丢失

与许多传统的逻辑运算不同，除 READ 以外的其他基本的 QPU 运算都是可逆的（其中的根据是量子力学定律）。这对用 QPU 执行逻辑运算和算术运算施加了很大的限制，并且常常驱使我们在尝试再现传统的算术运算时开拓思路。READ 是少有的不可逆指令，你可能想通过大量使用它来构建不可逆的运算。当心！这样做将使运算变得非常传统，很可能会剥夺所拥有的量子优势。要在 QPU 中实现任意传统电路，最简单的方法就是只使用像托佛利门这样的可逆逻辑门[2]。

5.2　QPU中的算术运算

在传统编程中，我们很少使用单独的逻辑门来编写程序。相反，我们信任编译器和 CPU，它们会将程序转换成执行操作所需的逻辑门。

量子计算也不例外。为了编写实用的 QPU 软件，我们更需要学习如何使用量子字节和量子整数，而不是量子比特。本节将阐述在 QPU 中执行算术运算的复杂性。正如传统的数字逻辑可以由与非门[3]构建一样，量子整数运算可以由第 2 章和第 3 章介绍的基本 QPU 指令构建。

为简单起见，我们将使用由 4 个量子比特组成的量子整数来图解和演示量子算术运算[4]。不过，所有例子都可以通过扩展用于更大的 QPU 寄存器。量子算术运算可处理的整数大小取决于 QPU 或模拟器中可用的量子比特数。

实践：实现自增运算和自减运算

最简单实用的两种整数运算是自增运算和自减运算。试着运行示例 5-1，并逐步地执行图 5-3 所示的运算。

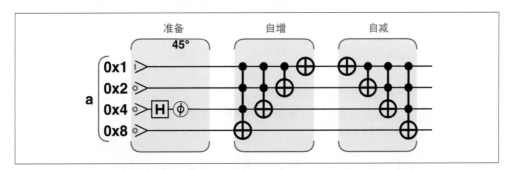

图 5-3：执行自增运算和自减运算

注 2：任何由 N 个托佛利门实现的可逆逻辑运算都可以使用 $O(N)$ 的单量子比特运算和双量子比特运算来实现。
注 3：也叫作 NAND 门，对应的操作是 NOT(a AND b)。
注 4：那些熟悉早期微型计算机的人把 4 位二进制数称为半字节，这样说来，可以把由 4 个量子比特组成的量子整数称为量子半字节。

图 5-3 中的准备步骤和初始值并不是自增运算的一部分,而只是用来提供一个非零的输入状态,以便我们跟踪运算动作。

示例代码

请在 http://oreilly-qc.github.io?p=5-1 上运行本示例。

示例 5-1　整数的自增运算和自减运算

```
// 初始化
var num_qubits = 4;
qc.reset(num_qubits);
var a = qint.new(num_qubits, 'a');

// 准备
a.write(1);
a.hadamard(0x4);
a.phase(45, 0x4);

// 自增
a.add(1);

// 自减
a.subtract(1);
```

在示例 5-1 中,我们通过将 QCEngine 的 add() 函数和 subtract() 函数的参数设置为 1,分别实现了自增运算和自减运算。

以上实现满足我们对量子特性的所有要求,尤其是以下性质。

可逆性

很明显,自减运算只不过是相反的自增运算。这不难理解,但如果你习惯了传统的逻辑运算,那么可能不容易看清这一点。在传统的逻辑器件中,逻辑门往往有专用的输入和输出,简单地反向运行器件可能会损坏它,或者至少不能提供有用的结果。正如我们曾经提到过的,对于量子运算来说,可逆性是一项关键要求。

叠加态运算

关键的是,对自增运算的这种实现适用于叠加态输入。在示例 5-1 中,准备指令将值 |1⟩ 写入一个量子整数,然后针对量子比特 0x4 调用 HAD 和 PHASE(45),使得寄存器处于 |1⟩ 和 |5⟩ 的叠加态 [5],如图 5-4 所示。

注 5:本例引入了 45° 的相位差,以便将两个状态区分开来。

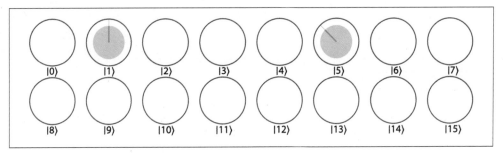

图 5-4：在执行自增运算前准备好叠加态

现在对图 5-4 所示的叠加态输入执行自增运算。这样做会将 |1⟩ 和 |5⟩ 的叠加态转换为 |2⟩ 和 |6⟩ 的叠加态，其中每个值的相位与自增前的一致，如图 5-5 所示。

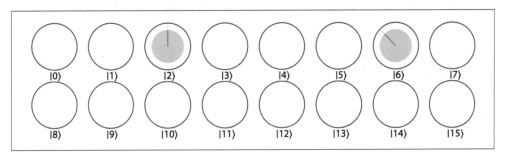

图 5-5：在执行自增运算后的叠加态

要理解自增的原理，来仔细观察所涉及的运算。可以看到，自增运算首先使用一个带有 3 个条件的 CNOT 门来执行"如果整数中的所有 3 个低位都是 1，则翻转高位"。这与传统的算术进位运算基本相同。然后，对整数中剩余的每个量子比特都重复这个过程，从而对所有的量子比特执行一个完整的"进位加法"运算。仅仅使用多条件的 CNOT 门就做到了这一点。

除了简单的自增和自减，我们可以做得更多。尝试更改在示例 5-1 中传给 add() 和 subtract() 的整数值，任何整数都可以，但是不同的选择会使 QPU 运算生成不同的配置。例如，add(12) 会生成图 5-6 所示的电路。

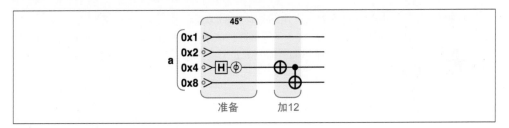

图 5-6：将量子整数加 12

在这个例子中，输入值 |1⟩ 和 |5⟩ 将变为 |13⟩ 和 |1⟩，如图 5-7 所示。就像传统的整数运算一样，该程序将在溢出时回到 |0⟩）。

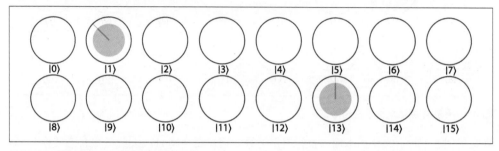

图 5-7：对 |1⟩ 和 |5⟩ 的叠加态应用 add(12)

量子算术函数可以接受任何整数，这一事实引出了一个有趣的观点：运算程序的执行对象是传统数值和量子值。我们总是使量子寄存器加上一个固定的整数，并且必须根据该整数更改运算门组合。如果再进一步会怎么样？可以针对两个量子值执行加法运算吗？

5.3　两个量子整数相加

假设有两个 QPU 寄存器，分别记为 a 和 b（注意，每个寄存器都可能存储整数值的叠加态）。我们要做简单的加法运算，并将它们相加的结果存储在新的寄存器 c 中。这类似于 CPU 对传统的寄存器进行加法运算，但是有一个问题——这个运算既违反了 QPU 逻辑运算的可逆性，又违反了不可复制性。

- c = a + b 违反了可逆性，这是因为 c 先前的内容丢失了。
- c = a + b 违反了不可复制性，这是因为如果偷偷地执行 b = c – a 和 a = c – b，就能得到 a 的副本。

为了解决这个问题，我们将实现运算符 +=（而不是简单的 +），直接将一个数字加到另一个数字上。如图 5-8 所示，不管两个量子整数处于何种叠加态，示例 5-2 中的代码都以可逆的方式将它们相加。不同于前面的将传统整数加到量子寄存器上的做法，这里的运算门不需要在每次输入值改变时都重新配置。

图 5-8 中的电路是如何工作的呢？仔细观察就会发现，这个程序只是应用了图 5-3 和图 5-6 中应用于 a 的整数加法运算，但是以 b 中相应的量子比特作为执行条件。这样一来，即使 b 处于叠加态，也能最终决定加法运算的结果。

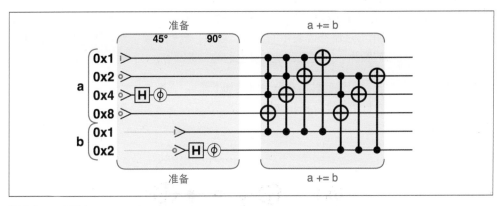

图 5-8：+= 运算

示例代码

请在 http://oreilly-qc.github.io?p=5-2 上运行本示例。

示例 5-2　两个量子整数相加

```
// a += b
a.add(b);
```

与图 5-3 所示的情况一样，图 5-8 中的准备步骤只用来提供测试输入，并不是运算的一部分。同理，以相反的顺序运行 a += b 的运算门，就可以实现 a -= b。

5.4　负整数

到目前为止，我们只讨论了正整数的加减运算。如何在 QPU 寄存器中表示和操作负整数呢？答案是采用**二进制补码**（two's-complement），就像所有现代 CPU 和编程语言所使用的那样。接下来快速回顾二进制补码的相关知识，并特别考虑量子比特。

对于给定的位数，只需将一半的值与负数关联，同时将另一半的值与正数关联。例如，可以用 3 位的寄存器表示整数 –4、–3、–2、–1、0、1、2、3，如表 5-1 所示。

表5-1：二进制补码表示

0	1	2	3	–4	–3	–2	–1
000	001	010	011	100	101	110	111

如果你从未遇到过二进制补码，那么可能不太理解负数和二进制值之间的关系。不过，这种特殊的选择有一个令人惊讶的好处，即适用于正整数的基本算术方法也可以直接用于二进制补码。我们还可以从表 5-1 中看出，最高位能够有效地指示这些数的正负。

二进制补码不仅对传统的寄存器有效，对量子比特寄存器同样有效。因此，本章中的所有示例都同样适用于使用二进制补码表示的负值。当然，我们必须记录是否在 QPU 寄存器中使用二进制补码编码数据，以便正确地解释它们的二进制值。

对于二进制补码的取反，只需翻转所有位，然后加 1 即可 [6]。图 5-9 展示了量子取反运算过程，这与图 5-3 所示的自增运算过程非常像。

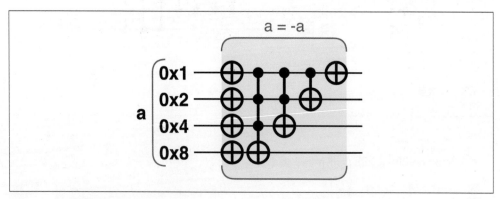

图 5-9：二进制补码取反：翻转所有位并加 1

5.5　实践：更复杂的数学运算

并非所有的算术运算都符合 QPU 运算的要求，例如可逆性和不可复制性。举例来说，乘法很难以可逆的方式执行。图 5-10 展示了一个可以满足可逆性的相关运算，代码如示例 5-3 所示。具体来说，我们求一个值的平方，并将结果加到另一个值上。

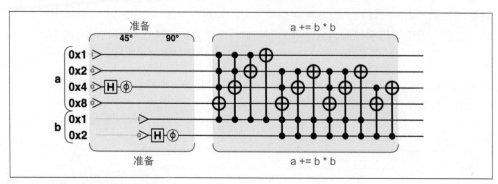

图 5-10：把 b 的平方值与 a 相加

注 6：在 3 位的寄存器例子中，除 –4 之外的所有值都可以取反。如表 5-1 所示，由于 4 没有表示形式，因此 –4 在取反运算中保持不变。

示例 5-3　有趣的算术

```
// a += b * b
a.addSquared(b);
```

如图 5-10 所示，执行 a += b * b 将把 b 的平方值与 a 相加。

图 5-10 所示的电路通过重复加法来执行乘法运算，它以 b 中的量子比特为条件。

对本例来说，可逆性是重要的考虑因素。如果天真地尝试实现 b = b * b，很快就会发现没有合适的可逆运算组合，这是因为总会丢失符号位。然而，实现 a += b * b 就可以了，因为逆转它就会得到 a -= b * b。

5.6　更多量子运算

现在我们已经有了量子版本的算术电路，可以尝试其他的一些玩法。

5.6.1　量子条件执行

在传统计算机上，如果设置了 if 语句，那么在进行条件判断后会执行逻辑。在判断期间，CPU 将读取条件值并判断是否执行逻辑。对于 QPU，由于一个值可能处于既被设置又不被设置的叠加态，因此以该值为条件的运算可能既执行又不执行。我们可以在更高的层面上运用这种思想，从而有条件地在叠加态下执行大量数字逻辑。

以图 5-11 为例，对应的程序如示例 5-4 所示。该程序使记为 b 的三量子比特寄存器自增，但前提是另一个三量子比特寄存器 a 中的整数值处于一定的范围内。通过初始化 a，使其处于 |1⟩ 和 |5⟩ 的叠加态，最终使 b 处于既自增又不自增的叠加态。

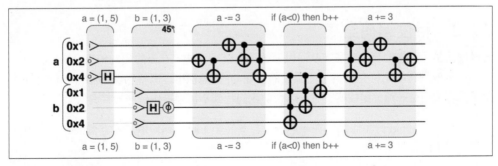
图 5-11：条件执行

示例 5-4　条件执行

```
a.subtract(3);
// 如果设置了a的高位，那么b += 1
b.add(1, a.bits(0x4));
a.add(3);
```

注意，对于 a 的某些值，从中减 3 将设置具有最低权重的量子比特。我们可以使用 a 的高位作为自增运算的条件。在以高位量子比特的值作为条件对 b 执行自增运算后，需要将 a加 3，使其恢复到初始状态。

运行示例 5-4，结果如图 5-12 所示。可以看出，只有在 a 小于 3 或大于 6 时，b 才会自增。（在图 5-12 中，受自增逻辑影响的只有第 0 列、第 1 列、第 2 列和第 7 列中的圆。）

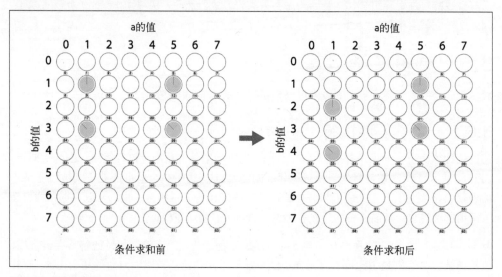

图 5-12：条件求和

5.6.2　相位编码结果

可以修改量子版本的算术运算，从而以原始输入量子比特寄存器的相对相位对输出进行编码，这是使用传统比特完全不可能做到的。在 QPU 编程中，以寄存器的相对相位对计算结果进行编码是一项关键技能，它可以帮助我们找到不被读操作破坏的答案。

示例 5-5 对示例 5-4 做了修改，在 a 小于 3 且 b 等于 1 时，翻转输入寄存器的相位，电路如图 5-13 所示。

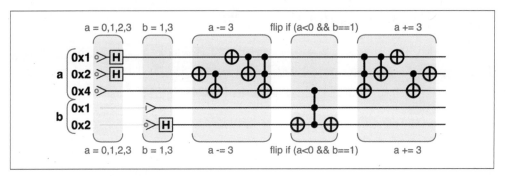

图 5-13：对结果进行相位编码

示例 5-5　对结果进行相位编码

```
// 如果a小于3且b等于1，就翻转相位
a.subtract(3);
b.not(~1);
qc.phase(180, a.bits(0x4), b.bits());
b.not(~1);
a.add(3);
```

当完成运算时，寄存器的强度不变。读出每个值的概率保持不变，无法从读取结果中看出是否执行过此运算。然而，如图 5-14 所示，我们已经使用输入寄存器的相位"标记"了某些状态。利用圆形表示法，可以很容易地看到这种效果。

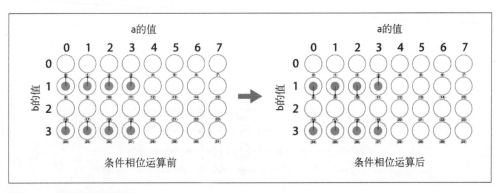

图 5-14：相位编码的效果

在第 10 章中，我们将充分利用这种计算寄存器相位的能力。

5.7 可逆性和临时量子比特

本章一再强调，QPU 运算必须是可逆的。当然，你可能会问："如何确保要执行的算术运算是可逆的呢？"虽然没有一种固定的方法将算术运算转换成可逆的形式（这样做能使其适用于 QPU），但我们可以借助一种有用的技术，即**临时量子比特**（scratch qubit）。

在对我们感兴趣的输入或输出进行编码时，临时量子比特不是必需的，它只扮演临时角色，辅助实现相关量子逻辑。

来看一个例子，我们将用临时量子比特使一个不可逆运算变得可逆。假设要用 QPU 实现 abs(a)，如图 5-15 所示，该函数计算有符号整数的绝对值。

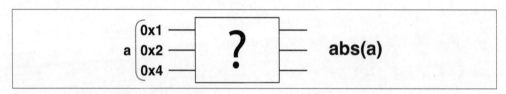

图 5-15：哪些 QPU 运算可以计算绝对值？

我们已经在图 5-9 中看到了如何轻松地对 QPU 寄存器中的整数取反。你可能认为 abs(a) 实现起来很简单——根据其自身符号位，适时地对 QPU 寄存器取反。但是，任何试图这样做的运算都是不可逆的。（数学函数 abs(a) 本身会破坏关于输入符号的信息。）这并不是说我们会遇到 QPU 编译错误或运行时错误；问题的关键是，无论多么努力，我们都找不到获得目标结果所需的可逆 QPU 运算。

是时候使用临时量子比特了！我们用它来保存 a 中的整数符号。首先将临时量子比特初始化为 |0⟩，然后根据寄存器 a 中位于最高位的量子比特，使用 CNOT 翻转临时量子比特。之后，将临时量子比特的值（而不是直接以寄存器 a 中的整数符号）作为条件执行取反运算，如图 5-16 所示。

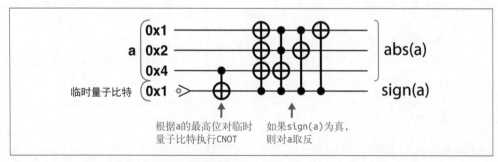

图 5-16：临时量子比特可以使不可逆运算变得可逆

有了临时量子比特的参与，我们现在可以找到一组运算门，从而在寄存器 a 中实现 abs(a)

函数。不过，在详细验证图 5-16 所示的电路可行之前，请注意一点，那就是在临时量子比特和 0x4 量子比特之间执行的 CNOT 运算并不能完全复制 0x4 量子比特（符号位量子比特），而是将临时量子比特与符号位量子比特**纠缠**在一起。认识到这一点非常重要，这是因为 QPU 运算不能复制量子比特。

图 5-17 使用具有不同相对相位的示例状态跟踪运算过程，这让我们可以很清晰地看到圆在各个 QPU 运算期间的移动情况。

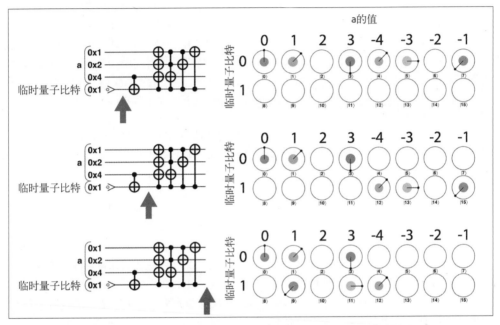

图 5-17：以圆形表示法分解绝对值的求解步骤

请注意，初始值为正值和零值的圆始终保持不变，初始值为负值的圆则首先移动到第 2 行（对应于有条件地翻转临时量子比特），然后移动到相应的正值所对应的位置（对应于取绝对值），**同时留在第 2 行中** [7]。

利用圆形表示法跟踪临时量子比特的变化情况，有助于直观地理解它如何解决不可逆问题。如果在没有临时量子比特的情况下执行取绝对值的运算，那么图 5-17 中的圆将只有一行，并且在将负值对应的圆移动到相应的正值对应的位置时会抹去已有的强度信息和相位信息——我们将永远无法恢复初始状态，即执行了不可逆的运算。临时量子比特为我们提供了额外的一行，我们可以先将圆移动到这一行，然后在这一行中移动圆，从而使初始状态得以保留 [8]。

注 7：注意，–4 对应的圆不变，这符合 3 位二进制补码规则。
注 8：这是一个了不起的方法。使用传统方法记录初始状态需要指数级数量的传统比特，但是仅通过添加一个临时量子比特就可以完美地做到这一点。

5.8 反计算

尽管临时量子比特通常是必要的,但它们往往会与 QPU 寄存器纠缠在一起。更准确地说,临时量子比特往往处于纠缠态。这就引出了两个相关的问题。第一个问题是,临时量子比特很少恢复为全零状态。这是一个坏消息,因为我们需要重置临时量子比特,才能使它们在 QPU 的后续运算中重复可用。

你可能会想:"这不是问题!我会在必要的时候执行读操作和非操作,就像我在前几章中学到的那样。"但这会导致第二个问题。因为使用临时量子比特几乎总会导致它们与输出寄存器中的量子比特纠缠在一起,如图 5-17 所示,所以对它们执行读操作会对输出状态造成破坏性影响。第 3 章讲过,就处于纠缠态的量子比特而言,对其中任何一个执行操作都会不可避免地影响其他量子比特。以图 5-17 中的场景为例,若想在 QPU 中再次使用临时量子比特,必须将其重置为 |0⟩,而这样做势必会破坏寄存器 a 中一半的量子态!

幸运的是,有一个技巧可以解决上述问题,那就是**反计算**(uncomputing)。反计算的思想是反向执行导致临时量子比特处于纠缠态的运算,将其返回到初始的 |0⟩ 态。在取绝对值的示例中,这意味着反向执行涉及 a 和临时量子比特的所有 abs(a) 逻辑。太棒了!临时量子比特恢复了 |0⟩ 态。不幸的是,这样做会完全抹去为计算绝对值而做的所有艰苦工作。

如果会导致所做工作付诸东流,那么恢复临时量子比特的初始状态有何意义呢?受量子比特的不可复制性约束,我们甚至不能在反计算之前将 a 中存储的值复制到另一个寄存器中。然而,反计算并非弄巧成拙的原因是,**我们常常会在反计算之前在寄存器 a 中使用输出结果**。在大多数情况下,像 abs(a) 这样的函数被用作更大规模的算术运算的一部分。例如,我们可能想实现"将 a 的绝对值与 b 相加"。在这种情况下,可以使该运算可逆,并使用图 5-18 所示的电路保存临时量子比特。

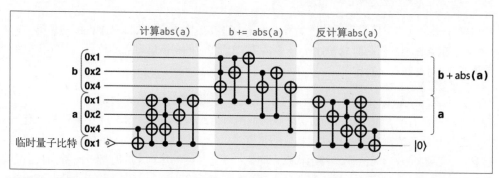

图 5-18:使用反计算执行 b += abs(a)

在执行完以上运算之后,a 和 b 很可能相互纠缠,临时量子比特则恢复到非纠缠态的 |0⟩ 态,准备好用于其他运算了。虽然 abs(a) 本身不可逆,但由它参与的更大的运算是可逆的。在量子计算中,一个十分常用的技巧是,使用临时量子比特来执行本身不可逆的运

算，根据结果执行其他运算，然后反计算。

事实上，虽然我们不能在反计算之前将绝对值"复制"到另一个寄存器中，但是可以实现类似的效果，做法是在执行图 5-18 所示的加法运算之前将寄存器 b 初始化为 0。执行 CNOT 运算，而不是加法运算，可以更简单地实现相同的效果，如图 5-19 所示。

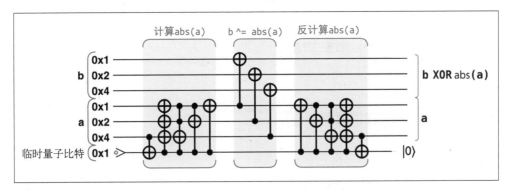

图 5-19：使用反计算执行 b XOR abs(a)

反计算的另一个十分常见的应用涉及执行某个运算（可能会用到临时量子比特），将结果存储在输出寄存器的相对相位中，然后对结果进行反计算操作。只要初始运算和最后的反计算步骤不干扰输出寄存器的相对相位，相位信息就可以在整个过程中完好无损。我们将在第 6 章中使用这个技巧。

来看一个例子，图 5-20 中的电路将翻转 abs(a) 等于 1 的所有值的相位。我们使用临时量子比特计算绝对值，仅当该值为 1 时才翻转输出寄存器的相位，然后反计算。

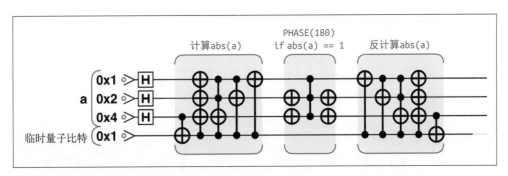

图 5-20：使用反计算执行 PHASE(180) if abs(a) == 1

图 5-21 通过圆形表示法来逐步展示这个程序的执行过程。

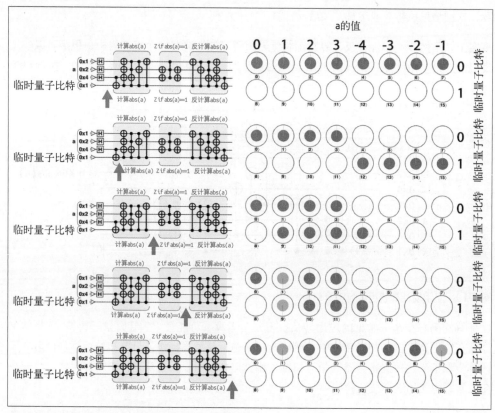

图 5-21：逐步分析使用反计算进行条件相位翻转的程序

5.9　QPU中的逻辑运算

正如传统的算术运算由数字逻辑门构建一样，QPU 运算由量子版本的数字逻辑门构建。为了详细地了解基本 QPU 运算电路的工作原理，我们来看看可编程量子逻辑。本节将重点介绍一些量子版本的底层数字逻辑门。

基本的量子逻辑

在数字逻辑中，可以利用一些基本的逻辑门来构建其他所有的逻辑门。举例来说，仅用与非门就可以构建与门、或门、非门和异或门，它们可以组合成你想要的任何逻辑函数。

注意，图 5-22 中的与非门可以有任意数量的输入。对于单个输入（最简单的情况），与非门就是非门。

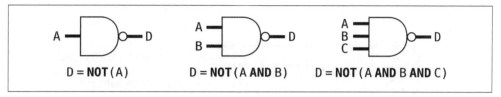

图 5-22：不同输入数量的数字与非门

在量子计算中，同样可以从一个多用途的逻辑门开始，然后基于它构建量子数字逻辑门，如图 5-23 所示。为了实现这一点，我们将使用多条件的 CNOT 门：托佛利门。和与非门一样，我们可以通过改变条件输入的数量来扩展可执行的逻辑，如示例 5-6 所示。

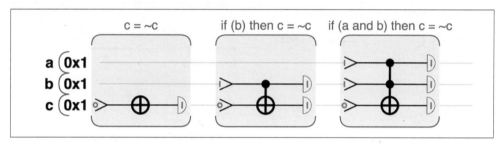

图 5-23：不同输入数量的 CNOT 门

示例代码

请在 http://oreilly-qc.github.io?p=5-6 上运行本示例。

示例 5-6　使用 CNOT 门的逻辑

```
// c = ~c
c.write(0);
c.not();
c.read();

// if (b) then c = ~c
qc.write(2, 2|4);
c.cnot(b);
qc.read(2|4);

// if (a and b) then c = ~c
qc.write(1|2);
qc.cnot(4, 1|2);
qc.read(1|2|4);
```

注意，这个量子逻辑门**几乎**和与非门相同。可以用与门和异或门来表示与它等价的数字逻辑，如图 5-24 所示。

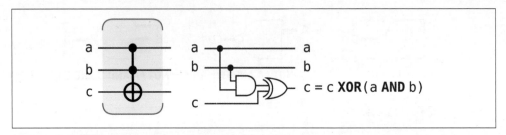

图 5-24：与多条件的 CNOT 门等价的数字逻辑

有了这个量子逻辑门，就可以构建各种量子版本的逻辑函数，如图 5-25 所示。

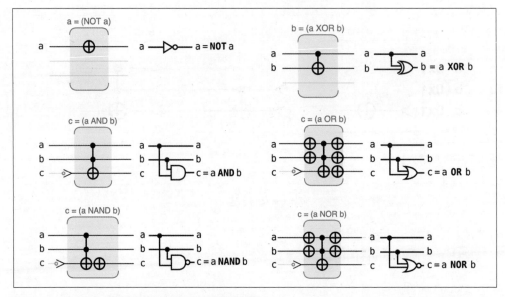

图 5-25：由多个 CNOT 门构建一些基本的数字逻辑门

注意，在某些情况下，为了获得所需的逻辑函数，需要添加一个额外的临时量子比特，并将它初始化为 |0⟩ 态。量子计算的一个重大挑战是减少执行特定运算所需的临时量子比特数。

5.10 小结

在叠加态下执行数字逻辑是大多数 QPU 算法的关键所在。本章详细地探讨了如何操纵量子数据，以及如何在叠加态下执行条件运算。

除非我们能以一种有用的方式从结果状态中提取信息，否则在叠加态下执行数字逻辑的作用是有限的。回想一下，如果读取处于叠加态的算术解，我们将随机得到其中一个解。第 6 章将介绍一个 QPU 原语，它能让我们以可靠的方式从叠加态中提取输出，这个 QPU 原语就是所谓的振幅放大。

第 6 章

振幅放大

第 5 章展示了如何利用叠加态构建算术运算和逻辑运算。但是，在使用 QPU 时，如果无法确保能够读出解，那么即使能在叠加态下计算也没什么用。

本章将介绍一个 QPU 原语，它使我们能够操纵叠加态，以便可靠地读出解。像这样的 QPU 原语有很多，每一个都适用于不同类型的问题。我们首先要探讨的是**振幅放大**（amplitude amplification）[1]。

6.1　实践：在相位和强度之间相互转换

简单地说，振幅放大是一种工具，可用于相互转换 QPU 寄存器中无法访问的相位差和可读的强度差。作为 QPU 工具，它简单、优雅、强大、非常有用。

 既然振幅放大能够将相位差转换成强度差，你可能认为"强度放大"是更好的名称。不过，"振幅放大"在文献中更为常见。

假设有一个四量子比特寄存器，它处于图 6-1 所示的 3 个量子态中的某一个状态，但我们不知道具体是状态 A、状态 B，还是状态 C。

注 1：在本书中，"振幅放大"这个术语的用法与学术文献中的略有不同。第 14 章会介绍具体的区别。

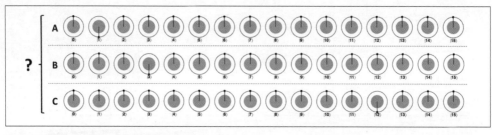

图 6-1：每个状态都有一个相位翻转的值

A、B、C 这 3 个状态明显不同，这是因为每个状态都有不同的值存在相位翻转。我们称这种值为**标记值**（marked value）。但是，由于寄存器中的所有值都具有相同的强度，因此读取处于任何一个状态的 QPU 寄存器都将返回一个均匀分布的随机数，我们无法从结果中知晓初始状态。同时，读取操作会破坏寄存器中的相位信息。

通过一个 QPU 子例程，可以了解隐藏的相位信息。我们将这个子例程称为**镜像操作**（mirror operation），稍后会解释如此命名的原因。你可以通过运行示例 6-1 中的代码看看效果，对应的电路如图 6-2 所示。

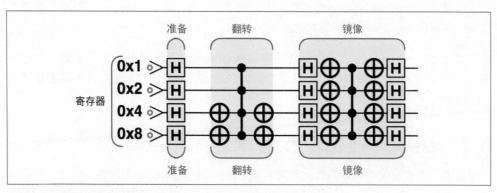

图 6-2：将镜像子例程用于翻转相位

示例代码

请在 http://oreilly-qc.github.io?p=6-1 上运行本示例。

示例 6-1　将镜像子例程用于翻转相位

```
var number_to_flip = 3; // 标记值

var num_qubits = 4;
qc.reset(num_qubits);
var reg = qint.new(num_qubits, 'reg');
reg.write(0);
reg.hadamard();
```

```
// 翻转标记值
reg.not(~number_to_flip);
reg.cphase(180);
reg.not(~number_to_flip);

reg.Grover();
```

请注意，在应用镜像子例程之前，我们首先执行了翻转步骤，这使寄存器初始化为 |0⟩ 态，并标记了其中的一个值。通过修改变量 number_to_flip，可以更改被翻转的值。

将镜像子例程应用于图 6-1 中的状态 A、B、C，得到图 6-3 所示的结果。

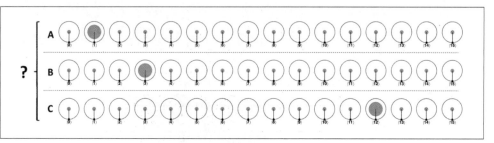

图 6-3：在应用镜像子例程之后，相位差被转换成强度差

现在，每个状态下的强度差变得显而易见。针对 QPU 寄存器执行读操作，很有可能（不过概率并非 100%）揭示出哪个值的相位发生了翻转，进而帮助我们确定寄存器的初始状态。之前，所有值的读取概率都相同，即为 6.25%；现在，标记值的读取概率约为47.30%，非标记值的读取概率约为 3.51%。这样看来，读取寄存器将有接近 50% 的概率得到相位翻转的值，但这个结果还不算太好。

请注意，尽管镜像子例程改变了标记值与非标记值的强度差，但使标记值的相位变得与非标记值的相同了。从某种意义上说，镜像已经将相位差转换为了强度差。

镜像操作在量子计算文献中通常被称为"格罗弗迭代"。格罗弗的非结构化数据库搜索算法是第一个实现了翻转－镜像例程的算法，实际上，我们在这里讨论的振幅放大原语是对格罗弗算法的推广。本书选择调用镜像操作，以便你更清楚地看到操作效果。

能否重复应用镜像子例程，以进一步提高成功概率呢？假设当前状态是图 6-1 所示的状态 B，即对 |3⟩ 值进行了翻转。再次应用镜像子例程只会让寄存器回到初始状态，即将强度差转换回相位差。但是，假设在再次应用镜像子例程之前，我们还再次应用了翻转子例程（用来重新翻转标记值）。这样一来，在第 2 次应用镜像子例程之前就有了另一个相位差。图 6-4 展示了完整应用两次翻转－镜像例程的效果。

图 6-4：针对状态 B 再次应用翻转 – 镜像例程

在两次应用翻转 – 镜像例程后，找到标记值的概率从 47.3% 跃升到了 90.8%！

6.2　振幅放大迭代

翻转和镜像是强大的组合。翻转以寄存器的一个值为目标，将其相位与其他值的相位区分开来。镜像将这个相位差转换为强度差。我们将这个组合操作称为**振幅放大迭代**（amplitude amplification iteration，简称 AA 迭代），对应的电路如图 6-5 所示。

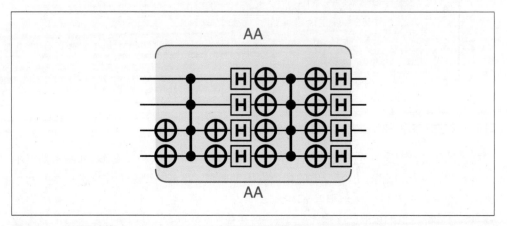

图 6-5：一次 AA 迭代

你可能已经注意到了，振幅放大操作假定我们知道要放大哪个值，即翻转子例程会影响的那个值。这看上去使振幅放大失去了意义——如果我们已经知道应该放大哪个值，那么何必寻找它呢？以上示例只不过用简单的翻转子例程展示如何翻转 QPU 寄存器中给定值的相位。在实际应用中，翻转子例程将被更复杂的子例程所代替，以针对具体的应用逻辑执行一系列相位翻转操作。第 10 章将更详细地说明如何仅针对 QPU 寄存器的相位执行计算。应用程序可以使用这种相位逻辑替代翻转子例程，在这种情况下，振幅放大就是非常有用的工具。

关键是，尽管本章在介绍镜像子例程时也探讨了翻转子例程，但将更复杂的相位修改子例程与镜像子例程组合起来，仍然能够将相位差转换为强度差。

6.3　更多迭代？

图 6-4 展示了对状态 B 应用两次 AA 迭代后的效果，成功找到标记值的概率是 90.8%。能否继续应用 AA 迭代，使概率更接近 100% 呢？这很容易尝试。示例 6-2 中的代码以指定的次数重复应用 AA 迭代。通过修改示例代码中的变量 number_of_iterations，可以任意指定应用 AA 迭代的次数。

示例代码

请在 http://oreilly-qc.github.io?p=6-2 上运行本示例。

示例 6-2　重复应用 AA 迭代

```
var number_to_flip = 3;
var number_of_iterations = 4;

var num_qubits = 4;
qc.reset(num_qubits);
var reg = qint.new(num_qubits, 'reg');
reg.write(0);
reg.hadamard();

for (var i = 0; i < number_of_iterations; ++i)
{
    // 翻转标记值
    reg.not(~number_to_flip);
    reg.cphase(180);
    reg.not(~number_to_flip);

    reg.Grover();

    // 查看概率
    var prob = reg.peekProbability(number_to_flip);
}
```

图 6-6 展示了在 number_of_iterations = 4 时运行这段代码的结果，也就是说，我们连续 4 次对寄存器执行翻转操作及镜像操作。

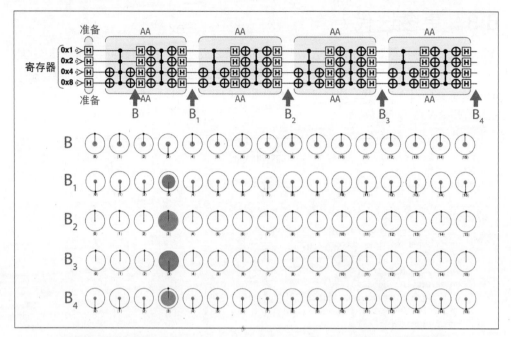

图 6-6：针对状态 B 连续应用 4 次 AA 迭代。每一行圆对应电路中标记位置的寄存器状态

我们来逐个看看每次 AA 迭代。在执行第 1 次翻转后，寄存器进入了状态 B。我们已经知道，B_1 的成功概率为 47.3%，B_2 的成功概率为 90.8%。

第 3 次 AA 迭代将成功概率提升至 96.1%，但是注意，在 B_3 中，因为标记值的相位与其他值的相位相反，所以下一个翻转子例程将使所有相位相同。此时，只有强度差，而没有相位差。因此，继续应用 AA 迭代将导致强度差开始减小，直到最终回到初始状态。

果然，当进入 B_4 时，成功读出标记值的概率已经下降到 58.2%。如果继续应用 AA 迭代，那么概率将继续下降。

要应用多少次 AA 迭代才能将成功读出标记值的概率最大化呢？

如图 6-7 所示，不断地循环迭代，读出标记值的概率将以可预测的方式振荡。从图中可以看出，要使得到正确结果的概率最大化，最好等到第 9 次或第 15 次迭代，这时找到标记值的成功概率是 99.9563%。

如果每次 AA 迭代的执行成本很高（我们稍后将看到一些类似情况），那么可以在 3 次迭代之后停止，并试图获得 96.1% 的成功概率。即使失败了，并且需要重启整个 QPU 程序，也有 99.848% 的概率在两次尝试中成功一次，这最多只需要执行 6 次迭代。

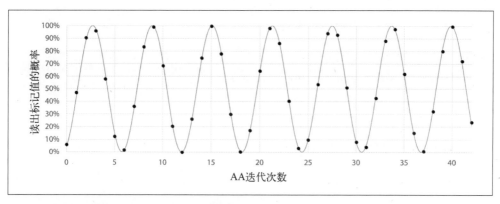

图 6-7：读出标记值的概率与 AA 迭代次数的关系

一般来说，可以通过一个简单却实用的方程式来决定 AA 迭代的次数 N_{AA}，执行 N_{AA} 次 AA 迭代将在第一个振荡周期中获得最高的成功概率。（在前面的例子中，当 N_{AA} 等于 3 时，有 96.1% 的成功概率。）在方程式 6-1 中，n 是量子比特数。

方程式 6-1 振幅放大的最佳迭代次数

$$N_{AA} = \left\lfloor \frac{\pi\sqrt{2^n}}{4} \right\rfloor$$

我们现在有了一个工具，它可以将 QPU 寄存器中的单个相位差转换为可检测的强度差。但是，如果寄存器中有多个相位差，该如何处理呢？很容易想到，比翻转更复杂的子例程或许可以改变寄存器中多个值的相位。幸运的是，AA 迭代可以应对一般情况。

6.4 多个标记值

通过对示例 6-2 进行小小的修改，可以在具有任意数量的相位翻转值的寄存器上执行多次 AA 迭代。在示例 6-3 中，你可以使用变量 n2f 设置寄存器中的哪些值会在每次 AA 迭代中被子例程翻转。与之前一样，还可以使用变量 number_of_iterations 调整 AA 迭代的次数。

示例代码

请在 http://oreilly-qc.github.io?p=6-3 上运行本示例。

示例 6-3 有多个标记值的 AA 迭代

```
var n2f = [0,1,2];            // 翻转哪些值
var number_of_iterations = 50; // AA迭代次数

var num_qubits = 4;
qc.reset(num_qubits);
```

```
var reg = qint.new(num_qubits, 'reg');
reg.write(0);
reg.hadamard();

for (var i = 0; i < number_of_iterations; ++i)
{
    // 翻转标记值
    for (var j = 0; j < n2f.length; ++j)
    {
        var marked_term = n2f[j];
        reg.not(~marked_term);
        reg.cphase(180);
        reg.not(~marked_term);
    }

    reg.Grover();

    var prob = 0;
    for (var j = 0; j < n2f.length; ++j)
    {
        var marked_term = n2f[j];
        prob += reg.peekProbability(marked_term);
    }
    qc.print('iters: '+i+' prob: '+prob);
}
```

通过运行示例 6-3 中的代码来翻转一个值，可以重现之前的结果，图 6-8 展示了 n2f = [4] 的情况。

图 6-8：翻转一个值

随着 AA 迭代次数的增加，读出标记值的概率将呈正弦曲线变化，如图 6-9 所示。

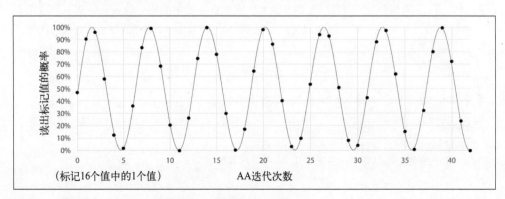

图 6-9：重复执行 AA 迭代，每次翻转 16 个值中的 1 个值

接下来翻转两个值，比如 n2f = [4,7]，如图 6-10 所示。在这种情况下，理想的做法是配置 QPU 寄存器，这样我们就可以读取两个相位翻转值中的任何一个，而不会读取任何其他值。多次应用 AA 迭代，就像之前对一个标记值所做的那样（不过在每次迭代期间应用两个翻转子例程，即每个标记值一个），曲线如图 6-11 所示。

图 6-10：翻转两个值

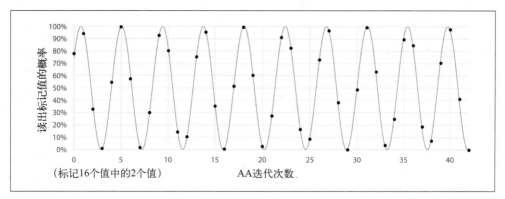

图 6-11：重复执行 AA 迭代，每次翻转 16 个值中的 2 个值

 请注意，在图 6-11 中，y 轴表示在读取寄存器时成功获得两个标记值中任意一个值的概率。

尽管成功概率依然呈正弦曲线变化，但与图 6-9 所示的仅有一个相位翻转值的类似曲线相比，正弦波的频率升高了。

当翻转 3 个值时（比如 n2f = [4,7,8]，如图 6-12 所示），正弦波的频率继续升高，如图 6-13 所示。

图 6-12：翻转 3 个值

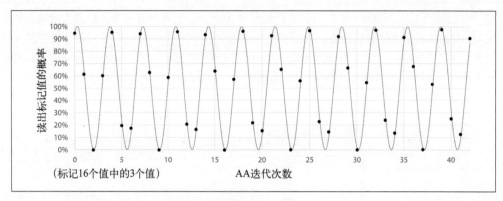

图 6-13：重复执行 AA 迭代，每次翻转 16 个值中的 3 个值

如图 6-14 所示，当 16 个值中有 4 个被翻转时，有趣的事情发生了。从图 6-15 中可知，正弦波的频率变得如此之高，以至于每应用 3 次 AA 迭代，读取其中一个标记值的概率就会重复。这意味着仅通过第 1 次迭代即可获得 100% 的成功概率。

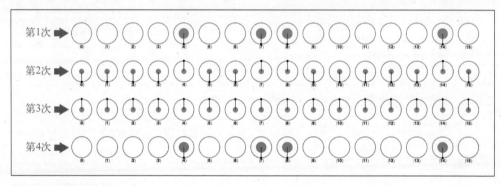

图 6-14：翻转 4 个值

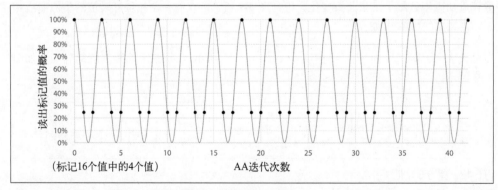

图 6-15：重复执行 AA 迭代，每次翻转 16 个值中的 4 个值

图 6-16 和图 6-17 展示了翻转 7 个值的情况。

图 6-16：翻转 7 个值

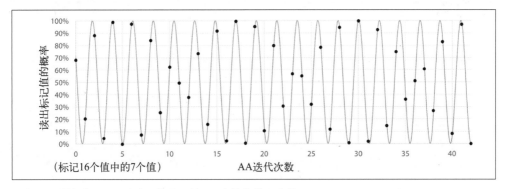

图 6-17：重复执行 AA 迭代，每次翻转 16 个值中的 7 个值

当然，在有 7 个标记值的情况下，即使正确读取标记值也可能无法获得太多有用的信息。

图 6-18 展示了翻转 8 个值的情况。此时，一切都有了定论，如图 6-19 所示。前文提到，对于量子态来说，只有相对相位才是至关重要的。在有 16 个值的情况下，翻转其中一半的值与翻转另一半在效果上没有差异。此时，AA 迭代完全失效，读出寄存器中的任何值的概率都相同。

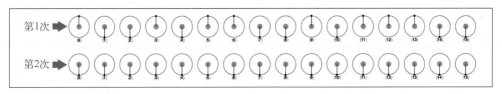

图 6-18：翻转 8 个值

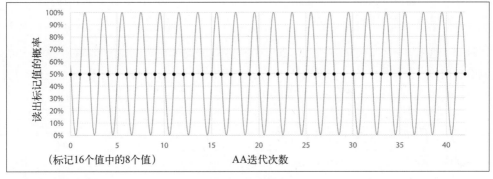

图 6-19：重复执行 AA 迭代，每次翻转 16 个值中的 8 个值

当在寄存器中标记 50% 的值时，增加 AA 迭代次数并不会进一步提高正确读取的概率。

 基于对称性，不需要考虑当有超过 50% 的相位翻转值时会如何。如果在 16 个值中有 12 个被标记，那么概率与当有 4 个值被标记时是一样的，只不过要把成功概率和失败概率反过来而已。

有趣的是，成功概率曲线的振荡频率只取决于标记值的数量，而与具体的标记值无关。实际上，可以扩展方程式 6-1，使其适用于有多个标记值的情况，如方程式 6-2 所示（其中，n 是量子比特数，m 是标记值的数量）。

方程式 6-2 在有多个标记值时的最佳迭代次数

$$N_{AA} = \left\lfloor \frac{\pi}{4} \sqrt{\frac{2^n}{m}} \right\rfloor$$

只要知道 m，就可以使用方程式 6-2 来确定最佳 AA 迭代次数。这就引出了一个有趣的问题：如果我们不知道标记值的数量，那么要如何确定最佳 AA 迭代次数呢？第 10 章会介绍使用振幅放大的应用程序，那时，我们会探讨这个问题，并看看其他原语能提供什么帮助。

6.5　使用振幅放大

希望你现在对振幅放大的作用有了一定的了解。能够将不可读的相位差转换为可读的强度差，这听起来确实有用，但如何在实践中使用振幅放大呢？振幅放大（AA）有多个用途，其中一个非常实际的用途是作为**量子和估计**（Quantum Sum Estimation）这项技术的组成部分。

6.5.1　作为和估计的AA与QFT

我们已经看到，在 AA 迭代示例中，成功概率曲线的振荡频率取决于标记值的数量。第 7 章将介绍**量子傅里叶变换**（Quantum Fourier Transform，QFT），这个 QPU 原语使我们能够从量子寄存器中读取值的变化频率。

实际上，通过结合 AA 和 QFT，可以设计一个电路，使得不仅可以读取一个标记值，还可以知晓初始寄存器状态的标记值数量。这是量子和估计的一种形式。第 11 章会全面探讨量子和估计，在此只需知道，AA 非常有用。

6.5.2　用AA加速传统算法

实践证明，AA 可以用作许多传统算法的子例程，使性能得到指数级的提升。当需要调用子例程反复检查某个解的有效性时，就可以使用 AA。这类例子有布尔可满足性问题，以及寻找全局极小值和局部极小值。

我们已经知道，AA 原语由两部分组成：翻转和镜像。翻转部分对用于检查有效性的逻辑进行编码，镜像部分则对所有应用程序保持不变。第 14 章将介绍 AA 原语的这一特性，以及如何在翻转部分对传统子例程进行编码。

6.6 QPU内部

组成每个 AA 迭代周期的 QPU 指令是如何完成任务的呢？与其尝试理解每个单独指令的功能，不如建立对 AA 迭代效果的直观认识。接下来通过圆形表示法直观理解振幅放大。

直观理解

振幅放大有两个阶段：翻转和镜像。翻转子例程翻转标记值的相位，我们希望最终能从 QPU 中提取相位信息。

镜像子例程在整个 AA 原语中保持不变，它将相位差转换为强度差。不过，还有另一种理解镜像的方式，即它使状态中的每个值都镜像为所有值的平均值。

除了解释将子例程命名为"镜像"的原因，这种理解方式还有助于逐步解释镜像过程。

假设镜像子例程有一个双量子比特输入状态，该状态是 |0⟩ 态和 |3⟩ 态的叠加态，如图 6-20 所示。

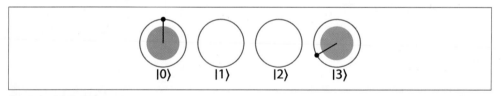

图 6-20：初始状态

从圆形表示法来看，镜像子例程执行以下步骤。

首先，求所有值（圆）的**平均值**。这可以通过对圆内各点的 x 值和 y 值进行数值平均来实现 [2]。在计算平均值时，应将零值（空心圆）作为 [0.000, 0.000] 包含在内，如图 6-21 和图 6-22 所示。

注 2：如果将 QPU 寄存器状态看作复向量以进行全面的数学描述，那么这相当于对组成复数的实部和虚部进行平均。

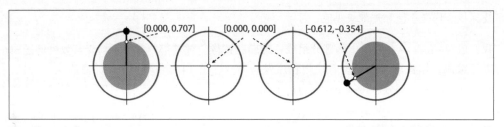

图 6-21：计算平均值

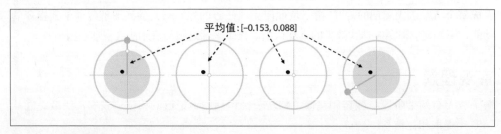

图 6-22：绘制平均值

其次，根据平均值翻转每个值。从圆形表示法来看，这就相当于反射，如图 6-23 所示。

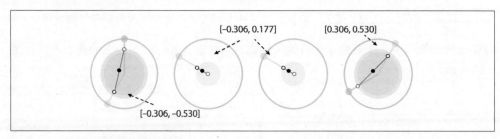

图 6-23：根据平均值进行翻转

图 6-24 展示了翻转结果，初始状态下的相位差已被转换为强度差。需要注意的是，所有值的平均值仍然相同，这意味着再次转换只会恢复初始状态。

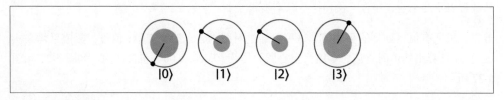

图 6-24：结果状态

"根据平均值翻转"是如何转换相位差和强度差的呢？假设在多个状态中，唯有一个反常的状态具有截然不同的相位，如图 6-25 所示。

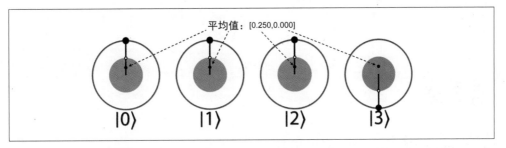

平均值: [0.250,0.000]

|0⟩ |1⟩ |2⟩ |3⟩

图 6-25：有一个状态的相位反常

因为大多数值是相同的，所以平均值接近大多数值，而远离具有相反相位的值。这意味着，当根据平均值翻转时，具有不同相位的值会像"弹弓"一样，弹射到平均值的另一侧，并从其他值中脱颖而出，如图 6-26 所示。

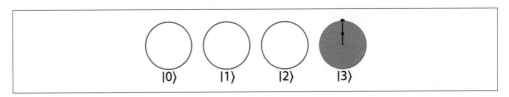

|0⟩ |1⟩ |2⟩ |3⟩

图 6-26：最终状态

对于第 10 章将探讨的大多数振幅放大应用，替换翻转的逻辑将在标记状态和未标记状态之间引入 180° 的相位差。因此，前述"弹弓"示例尤其重要。

> 在实践中，实现**根据平均值进行镜像**和**翻转所有相位**比单独实现前者要简单得多。记住，在寄存器中，只有**相对相位**才是真正重要的。

6.7　小结

本章介绍了许多 QPU 应用程序的一个核心操作。通过将相位差转换为强度差，振幅放大使得 QPU 应用程序能够提供有用的输出，该输出将本来不可见的相位信息呈现出来。第 11 章和第 14 章将探索这个原语的强大威力。

第 7 章

量子傅里叶变换

量子傅里叶变换（quantum fourier transform，QFT）是一个 QPU 原语，它使我们能够访问隐藏在 QPU 寄存器的相对相位和强度中的模式和信息。AA（振幅放大）能够将相位差转换为可读的强度差，QFT 则有其独特的相位操作方式。除了执行相位操作外，我们还将看到，QFT 能够通过轻松地生成复杂的叠加态来实现**在叠加态下计算**。本章首先介绍一些简单易懂的 QFT 示例，然后深入讲解这个工具的细节。为了满足你的好奇心，7.6 节将逐步分析 QFT 操作。

7.1　隐藏模式

还记得第 6 章中的猜状态游戏吗？让我们把难度加大一些。假设有一个四量子比特寄存器，其中包含图 7-1 所示的 3 个状态中的一个（A、B 或 C），但我们不知道是哪一个。

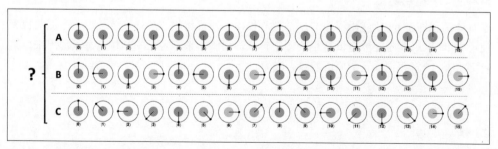

图 7-1：应用 QFT 之前的 3 个状态

请注意，图 7-1 中的 3 个状态与第 6 章探讨的状态 A、B、C 不同。

这些状态看上去互不相同，但是由于每个状态中所有值的强度都是相同的，因此无论实际处于哪个状态，读取寄存器都将返回一个均匀分布的随机值。

在这种情况下，即使放大振幅也没有多大帮助，这是因为在每个状态中没有哪个相位与众不同。不过，QFT 原语及时前来解围！（请"脑补"具有戏剧性效果的背景音乐。）在读出之前对寄存器应用 QFT 将把每个状态转换为图 7-2 所示的结果。

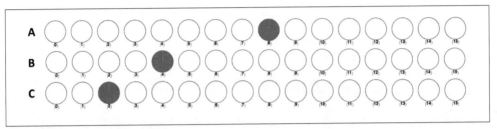

图 7-2：应用 QFT 之后的 3 个状态

现在读取寄存器，可以立即确定初始的状态，做到这一点只需使用一组读取操作。这些 QFT 结果与图 7-1 中的输入状态有着有趣的关系。在状态 A 中，输入状态的相对相位有 8 个 0，QFT 的结果为 8。在状态 B 中，相对相位旋转 4 次回到初始值，QFT 的结果为 4。状态 C 同理。QFT 实际上揭示了每种情况下 QPU 寄存器所包含的**信号频率**。

示例 7-1 中的代码可用于生成状态 A、B 和 C，你可以亲自动手实验。通过改变 which_signal 的值，可以选择要生成的状态。

示例代码

请在 http://oreilly-qc.github.io?p=7-1 上运行本示例。

示例 7-1　用 QFT 区分 3 个状态

```
var num_qubits = 4;
qc.reset(num_qubits);
var signal = qint.new(num_qubits, 'signal');
var which_signal = 'A';

// 准备信号
signal.write(0);
signal.hadamard();
if (which_signal == 'A') {
    signal.phase(180, 1);
} else if (which_signal == 'B') {
    signal.phase(90, 1);
    signal.phase(180, 2);
} else if (which_signal == 'C') {
    signal.phase(45, 1);
    signal.phase(90, 2);
```

```
        signal.phase(180, 4);
    }

    signal.QFT();
```

 如果要将 QFT 原语应用于示例 7-1 生成的状态，那么可以在 QCEngine 中使用内置的 QFT() 函数执行此操作。你既可以选择全局方法 qc.QFT() 来执行（该方法接受一组量子比特作为参数），也可以选择 qint 对象的方法 qint.QFT() 来执行（该方法针对 qint 中的所有量子比特执行 QFT）。

7.2 QFT、DFT和FFT

要理解 QFT 揭示信号频率的能力，最好的途径是了解与其非常相似的经典信号处理机制——**离散傅里叶变换**（Discrete Fourier Transform，DFT）。如果你曾经琢磨过音响系统的图形均衡器，就会熟悉 DFT 的概念。就像 QFT 一样，DFT 能够检测信号包含的不同频率。虽然 DFT 被用来检测更为常规的信号，但它所应用的变换本质上与 QFT 的数学机制相同。DFT 有助于更直观地理解相关原理，在本章中，我们将通过它来熟悉核心概念。

快速傅里叶变换（Fast Fourier Transform，FFT）是一种得到广泛应用的 DFT 快速实现方法。在进行离散傅里叶变换时，FFT 是已知最快的方法。因此，在探讨 QFT 时，我们通常将其与 FFT 比较。二者有一个相似之处——它们的信号长度都被限制为 2 的幂。

鉴于有很多以 FT 结尾的首字母缩略词，下面给出速查清单。

DFT

> DFT 表示传统的**离散傅里叶变换**，可以从传统信号中提取频率信息。

FFT

> FFT 表示**快速傅里叶变换**，它是实现 DFT 的一种特定算法。FFT 执行的变换与 DFT 完全相同，但在实践中要快得多，其速度可媲美 QFT。

QFT

> QFT 表示**量子傅里叶变换**。它执行的变换与 DFT 相同，不过操作对象是编码在 QPU 寄存器中的信号，而不是传统的信息流。

7.3 QPU寄存器中的频率

把量子寄存器的强度和相对相位视为信号，这是非常了不起的想法，但有必要做些解释。考虑到 QPU 的特性，让我们更明确地理解"QPU 寄存器包含频率"到底是什么意思。假设有图 7-3 所示的四量子比特寄存器的状态。

图 7-3：QFT 输入状态示例

这是前一个例子中的状态 C。注意，如果从左向右看寄存器，就会发现 16 个值（2^4）的相对相位将经历两轮完整的逆时针旋转。因此，可以认为寄存器中的相对相位表示在每个寄存器中以两次为频率重复的信号。

可见，QPU 寄存器能够编码一个与之相关且具有频率的信号，但是由于这个信号与量子比特的相对相位信息息相关，因此我们非常清楚，不能通过简单地读取寄存器来提取它。如同本章开头的示例一样，信息隐藏在各个相位中，但我们可以通过应用 QFT 来揭示信息，如图 7-4 所示。

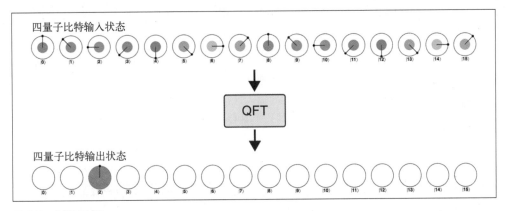

图 7-4：QFT 示例

在这个简单的例子中，我们在 QFT 之后读取寄存器，就可以知道它包含的频率是 2（也就是说，在每个寄存器中相对相位旋转 2 次）。这是 QFT 的关键思想，接下来我们将学习如何更准确地使用和解释它。要重现这个示例，请参见示例 7-2 的代码，可视化表示如图 7-5 所示。

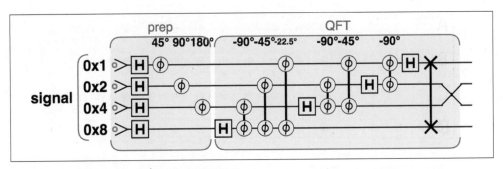

图 7-5：针对简单的 QPU 寄存器信号应用 QFT

示例 7-2 展示了 QFT 的一个重要属性。我们在第 5 章中看到，在 QPU 上实现的操作通常需要使用不同的输入寄存器和输出寄存器（为了可逆性），但由于 QFT 的输出和输入在同一个寄存器中，因此出现了后缀的转换。QFT 可以在原地工作，因为它天生就是可逆电路。

你可能感到好奇：为什么要关心一个能找到 QPU 寄存器频率的工具呢？它会如何帮助我们解决实际问题呢？让人意外的是，QFT 是 QPU 编程中的通用工具，本章末尾将给出一些具体的例子。

以上就是 QFT 的全部内容吗？向寄存器输入一个信号，就可以得到它的频率？可以说是，也可以说不是。到目前为止，我们看到的信号在应用 QFT 后，给出了一个明确定义的频率（因为这些信号都是我们精心挑选的），但是很多其他的周期性信号并不能给出这么好的 QFT 结果。举个例子，请看图 7-6 所示的 4 个信号。

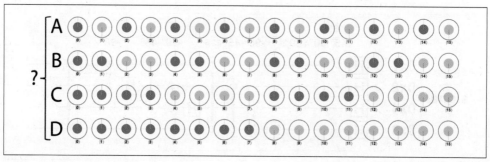

图 7-6：应用 QFT 之前的 4 个方波信号

QPU 寄存器状态中的相位为 180° 的值（在圆形表示法中显示为指向正南方向的线）相当于状态的振幅为负值。

图 7-6 中的方波信号与图 7-1 中的类似。尽管它们的振荡频率与前面的示例相同，但相对相位在一个正值和一个负值之间突然来了个 180° 大转弯，而不是连续地变化。因此，它们的 QFT 结果有点难以理解，如图 7-7 所示。

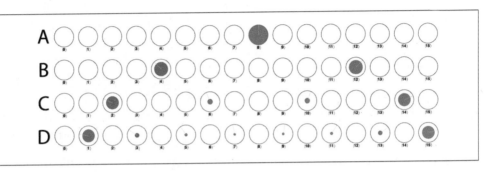

图 7-7：应用 QFT 之后的 4 个方波信号

注意，可以使用 HAD 指令和精心选择的 PHASE 指令生成以上示例中的方波输入状态。示例 7-3 中的代码生成方波状态，然后应用 QFT，如图 7-8 所示。通过更改 wave_period 变量，可以选择要生成图 7-6 中的哪个状态。

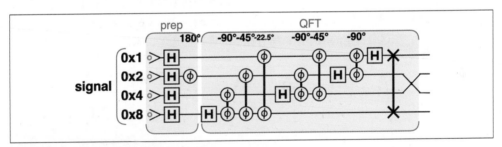

图 7-8：QFT 使用的量子运算

示例代码

请在 http://oreilly-qc.github.io?p=7-3 上运行本示例。

示例 7-3　方波 QFT

```
var num_qubits = 4;
qc.reset(num_qubits);
var signal = qint.new(num_qubits, 'signal');
var wave_period = 2; // A:1 B:2 C:4 D:8
```

```
// 准备信号
qc.label('prep');
signal.write(0);
signal.hadamard();
signal.phase(180, wave_period);

qc.label('QFT');
signal.QFT();
```

如果你熟悉传统的 DFT，那么图 7-7 中的结果对你来说应该不会太难。因为 QFT 实际上只是将 DFT 应用于 QPU 寄存器信号，所以接下来要简要回顾一下 QFT 的这个传统的"表兄弟"。

7.4 DFT

DFT 作用于从信号中提取的离散样本，无论信号是音乐波形还是图像的数字表示，都是如此。尽管传统信号通常被认为是实数值列表，但 DFT 也能处理复数值。这一点尤其令人欣慰，这是因为（尽管我们尽力避免）QPU 寄存器状态的完整表示通常由复数列表来描述。

 在本书中，我们尽可能地用圆形表示法直观地将复数的数学表示可视化。每当看到"复数"时，你都可以想象圆形表示法中的圆，这个圆有强度（圆的大小）和相位（圆的旋转）。

让我们在一个简单的正弦波信号上试试传统的 DFT，该信号的样本是实数，并且有一个定义良好的频率（如果我们处理的是声音信号，那么这个信号就是一个纯音）。此外，假设已经采集了 256 个信号样本，每个样本都存储为一个复浮点数（具有强度和相位，可用圆形表示法表示）。在这个特定的例子中，所有样本的虚部都是零，示例信号如图 7-9 所示。

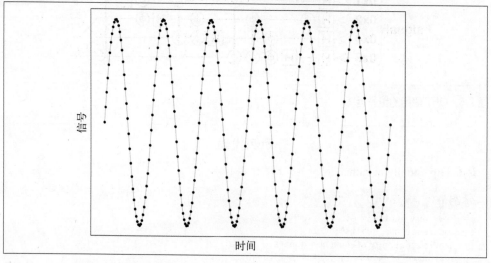

图 7-9：从一个简单的正弦波中采样 256 个点

如果每个样本都存储为 16 字节的复浮点数（实部和虚部各占 8 字节），那么对于该信号来说，4096 字节的缓冲区就够用了。注意，仍然需要跟踪样本的虚部（即使本例只使用实数输入值），这是因为 DFT 的输出将是 256 个复数。

从复数输出值的强度可知，给定的频率对信号的贡献有多大，相位部分则表示这些不同的频率在输入信号中相互偏移了多少。针对本例中的实数正弦波信号，图 7-10 展示了 DFT 的强度。

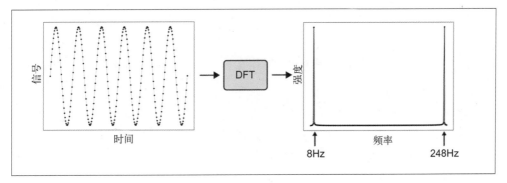

图 7-10：针对简单的单频正弦波应用 DFT

 仔细观察图 7-10 中两个峰值的底部，你会注意到它们被小的非零值包围。由于 DFT 的输出被限制在有限的比特数内，因此我们可以看到非零宽度的峰值，即使在信号真正只包含单一频率的情况下也是如此。值得注意的是，在使用 QFT 时也是如此。

DFT 将信号转换成**频率空间**（frequency space），在这里，我们可以看到信号包含的所有频率成分。由于输入信号在采样时间（1s）内完成了 8 次全振荡，因此它的频率为 8Hz，这正是 DFT 在输出寄存器中返回给我们的结果。

7.4.1　实数DFT输入与复数DFT输入

观察图 7-10 所示的 DFT 输出示例，你可能会注意到不容忽视的 248Hz。除了预期的 8Hz，DFT 还在频率空间中产生了另一个明显的**镜像**峰值。

这是实数信号 DFT 的一个特性（样本都是实数的信号，就像大多数传统信号一样）。在这种情况下，实际上只有 DFT 结果的前半部分是有用的。因此在本例中，我们只需要关注 DFT 返回的前 128 个点（256 / 2 = 128）。在 DFT 结果中，后半部分是前半部分的镜像，这就是我们在 248Hz 处看到对称的第 2 个峰值的原因（256 − 8 = 248）。图 7-11 展示了更多实数信号 DFT 的示例，这些示例都体现了上述对称性。

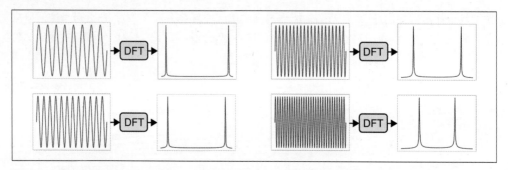

图 7-11：更多实数信号 DFT 的示例（为了便于查看，本图省略了采样点）

如果使用复数输入信号，则不会看到这种对称效应，这是因为 DFT 输出的 256 个数据点中的每一个都会包含不同的信息。

对于 QFT，在理解实数输入信号和复数输入信号的输出时同样需要注意。回顾图 7-2 和图 7-4 中的 QFT 示例，你会注意到图中并没有这样的对称效应——只能观察到输出寄存器中的一个"峰值"，正好对应输入频率。因为被编码在输入寄存器状态的相对相位中的信号是复数，所以我们看不到对称效应。

然而，在 QFT 寄存器中制备纯实数的信号是可行的。假设我们计划用于 QFT 的信号编码在输入 QPU 寄存器的强度中，而不是相对相位中，如图 7-12 所示 [1]。

图 7-12：信号编码在强度中的 QPU 寄存器

这个输入信号是纯实数。不要被相对相位在整个状态中不断变化的事实所蒙蔽——因为 180° 的相位与一个负号是一样的，所以我们所拥有的都是正实数和负实数。

将 QFT 应用于这个实数输入状态，我们发现输出寄存器精确地展示了与传统 DFT 一样的镜像效果，如图 7-13 所示。

图 7-13：应用 QFT 后的输出寄存器（对于信号仅编码在强度中的情况）

可见，如何解释 QFT 结果取决于输入寄存器是以相位还是以强度编码信息。

注 1：稍后将展示一个 QPU 电路，由它产生的寄存器具有这样编码在强度中的振荡信号。

7.4.2　DFT一切

到目前为止，我们已经大致了解了 DFT 和 QFT 能够揭示信号所包含的频率。更具体地说，DFT 和 QFT 实际上告诉我们简单**正弦**分量的频率、比例和偏移量，我们可以组合这些分量来产生输入信号。

我们考虑的大多数示例输入信号实际上是简单的正弦信号，它们具有单个定义良好的频率。因此，DFT 和 QFT 在频率空间中产生了单个定义良好的峰值。（也就是说，你可以从一个具有特定频率的正弦函数中构建它！）DFT 最有用的一点是，我们可以将其应用于更复杂的信号，这些信号明显不具有正弦曲线。图 7-14 展示了对包含 3 个频率的正弦振荡的输入信号应用传统 DFT 后的强度。

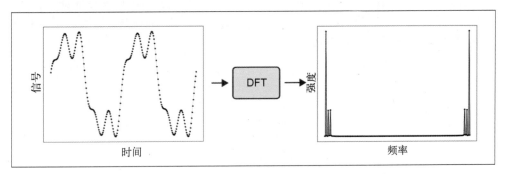

图 7-14：针对具有混合频率的信号应用 DFT

请注意零频率所对应的 DFT 值或 QFT 值。这种现象有时被称为**直流偏置**（DC bias），它揭示了信号上下振荡的基线值。因为我们的示例都相对于零进行振荡，所以它们的 DFT 中没有直流偏置分量。

图 7-14 所示的 DFT 不仅表明信号包含 3 个正弦频率，而且频率空间中峰值的相对高度也体现出每个频率对信号的贡献有多大。（通过查看 DFT 返回的全复数值的相位，我们还可以了解正弦信号相互之间是如何抵消的。）当然，不要忘了，因为输入信号是实数，所以我们可以忽略 DFT 的后半部分（镜像）。

有一种特别常见和有用的输入信号，这种信号看起来完全不像正弦曲线，这就是方波信号。在图 7-7 中，我们实际上已经看到了一些方波信号的 QFT 结果。图 7-15 展示了对方波信号应用传统 DFT 后得到的强度。

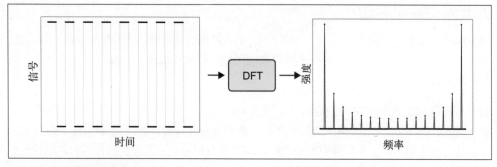

图 7-15：针对方波信号应用 DFT

尽管已经在图 7-7 中看到了一组方波信号的 QFT 结果，我们仍然有必要更仔细地看另一个示例。为了使例子更有趣，我们考虑一个八量子比特寄存器（也就是一量子字节），它有 256 个状态值可供使用。如图 7-16 和示例 7-4 所示，准备一个重复 8 次的方波信号，该信号等同于图 7-15 所示的信号。

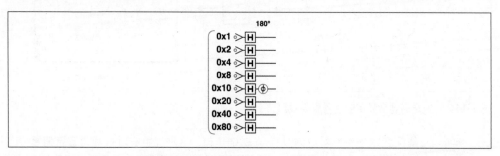

图 7-16：准备八量子比特方波信号所需的量子门

示例代码

请在 http://oreilly-qc.github.io?p=7-4 上运行本示例。

示例 7-4　方波 QFT 电路

```
// 设置
qc.reset(8);

// 创建相等叠加态
qc.write(0);
qc.had();

// 引入负号
// 通过将相位设置在不同的量子比特上，可以改变方波的频率
qc.phase(180, 16);

// 应用QFT
qc.QFT();
```

当执行到应用 QFT 之前的代码时，QPU 输入寄存器的状态如图 7-17 所示。

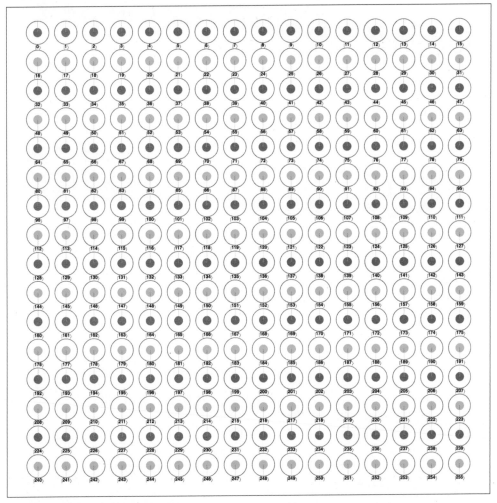

图 7-17：量子字节中的方波信号

绿色的圆（相对相位为 180°）表示负号，你应该能够看出，该信号是全实数，并且类似于图 7-15 所示的 DFT 输入信号。

在这个状态下对寄存器应用 QFT（通过在 QCEngine 中调用 qc.QFT()），可以获得图 7-18 所示的输出状态。

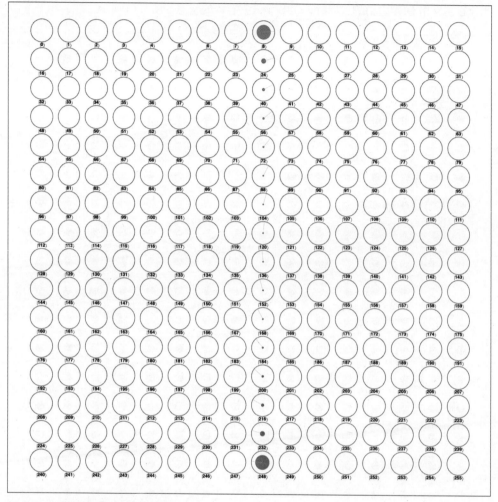

图 7-18：方波输入信号的 QFT 输出

这个寄存器正是图 7-15 中的方波 DFT，频率空间中的每个分量都被编码在 QPU 寄存器状态的强度和相对相位中。这意味着针对应用 QFT 后的寄存器读出给定频率的概率取决于给定频率对信号的贡献程度。

图 7-19 展示了不同的概率。可以看出，结果与图 7-15 所示的方波 DFT 结果相似。

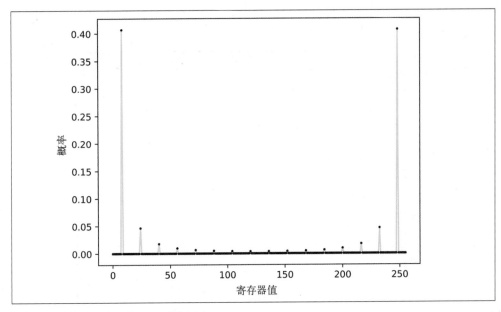

图 7-19：方波输入信号的 QFT 读出概率

7.5 使用QFT

我们试图证明，QFT 在 QPU 寄存器信号上忠实地实现了 DFT。考虑到 QPU 是那么娇气和昂贵，仅仅复现传统的算法听起来有些得不偿失。请记住，使用 QFT 原语的动机主要是操纵相位编码的计算结果，而不是完全替换 FFT。

也就是说，如果不评估 QFT 相比于 FFT 的计算复杂度，就太草草了事了（尤其是在 QFT 比最好的传统方法快得多的情况下）。

高效的QFT

当谈到 FFT 算法和 QFT 算法的速度时，我们希望知道算法的运行时间是如何随着输入信号大小（指表示它所需的总比特数）的增加而增加的。出于实用性考虑，可以认为一个算法使用的基本运算个数相当于它运行所需的时间，这是因为每个运算作用于 QPU 的量子比特所需的时间是固定的。

FFT 需要大量的运算，这些运算随着输入比特个数 n 的增长以 $O(n2^n)$ 增长。然而，QFT 通过利用 m 量子比特寄存器中的 2^m 个可用状态，所使用的量子门仅以 $O(m^2)$ 增长。

在实践中，这意味着对于小的信号（小于 22 比特，或约 400 万个样本），即使只使用笔记本计算机，传统的 FFT 也会更快。但是，随着输入信号的规模增大，QFT 的优势将变得越来越明显。图 7-20 对比了两种算法的运行时间随信号大小增加而增加的情况。注意，横轴表示构成输入寄存器的比特数（在 FFT 的情况下）或量子比特数（在 QFT 的情况下）。

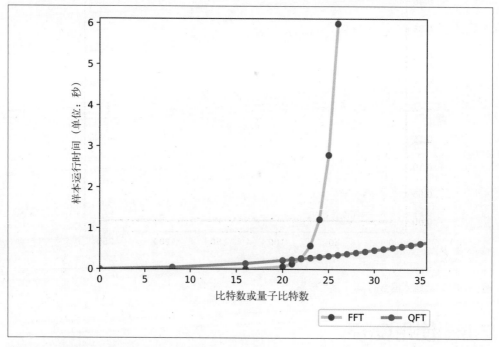

图 7-20：基于线性标度显示计算 QFT 和 FFT 的时间

1. QFT 信号处理

鉴于 FFT 在信号处理领域中的重要性，人们很容易认为 QFT 的主要用途肯定是快速实现这种信号处理工具。不过，DFT 的输出是一组数值，可供我们在闲暇时研究，而 QFT 的输出被锁定在 QPU 的输出寄存器里。

让我们更有条理地说明在试图实际使用 QFT 输出时所面临的限制。将输入信号及其 QFT 输出编码在量子态的振幅中会带来两个问题。

- 如何将输入信号设置到量子寄存器里？
- 当 QFT 完成时，如何获取结果？

第一个问题并不容易解决。图 7-18 中的方波示例可以用一个相当简单的量子程序来实现，但是如果要将任意常规数据设置到量子寄存器里，那么可能根本实现不了这样的简单电路。对于某些信号，初始化输入寄存器所需的成本可能就会使 QFT 得不偿失。

采用一些技术可以更容易地在 QPU 寄存器中制备某些类型的叠加态，不过这些技术所需的通常不止标准的 QPU 硬件。第 9 章将介绍其中一种技术。

当然，第二个问题是 QPU 编程的基本挑战——如何从寄存器中读出答案？对于像图 7-2 所示的那种简单的单频 QFT，读取寄存器会得到一个明确的答案。但是，对于像图 7-18 所示的那种更复杂的信号，QFT 会产生频率值的叠加态。当读取寄存器时，只会随机得到其中一个频率值。

不过在某些情况下，应用 QFT 后的最终状态仍然有用。考虑图 7-17 中的方波信号的输出。

- 如果调用 QFT 的应用程序只需要随机得到主频率或它的倍数，那么就没有问题。在图 7-17 所示的方波示例中，有 8 个正确答案，我们总会得到其中一个答案。
- 如果应用程序能够验证所需的答案，那么我们可以快速检测从读取 QFT 输出状态得到的随机结果是否合适。如果不合适，则可以再次运行 QFT。

这样一来，QFT 的信号处理能力依然可以提供有价值的相位操作原语。事实上，我们将在第 12 章中看到它在舒尔分解算法中发挥这样的作用。

2. 用 invQFT 制备叠加态

我们已经知道，QFT 是一种**相位操作原语**。QFT 的另一个用途是制备（或改变）周期性变化的叠加态，而使用其他方法将非常困难。与所有非读取 QPU 运算一样，QFT 有一个逆运算。逆 QFT（invQFT）将表示频率空间的量子比特寄存器作为其输入，并将显示其对应信号的寄存器作为输出返回。

可以使用 invQFT 轻松地制备周期性变化的寄存器叠加态，如下所示。

- 制备一个量子寄存器来表示你在频率空间中需要的状态。这通常比用更复杂的电路直接制备状态要容易。
- 应用 invQFT 返回 QPU 输出寄存器中所需的信号。

示例 7-5 的结果如图 7-21 所示，其中展示了如何创建一个相对相位振荡 3 次的量子字节寄存器。

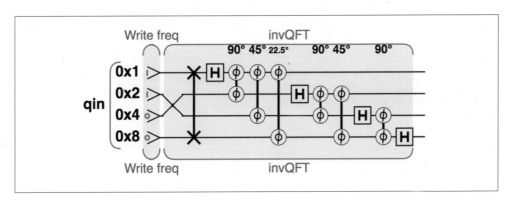

图 7-21：产生周期性相位变化的信号所需的量子运算

示例 7-5　将频率转换成状态

```
// 设置
var num_qubits = 4;
qc.reset(num_qubits);
var qin = qint.new(num_qubits, 'qin');

// 向寄存器写入想要的频率
qc.label('Write freq');
qin.write(3);

// 应用invQFT
qc.label('invQFT');
qin.invQFT();
```

除了周期性相位变化，invQFT 还可以用来制备在强度上周期性变化的 QPU 寄存器，就像我们在图 7-12 中看到的那样。要做到这一点，只需要知道具有周期性强度变化的寄存器是一个实数信号。因此在频率空间中，我们需要一个对称表示，以使 invQFT 起作用。代码如示例 7-6 所示，图 7-22 是对应的电路图。

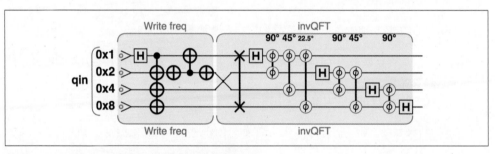

图 7-22：产生周期性强度变化的信号所需的量子运算

示例 7-6　使用 invQFT 制备状态

```
// 设置
var num_qubits = 4;
qc.reset(num_qubits);
var qin = qint.new(num_qubits, 'qin');
qc.label('Write freq');
qin.write(0);
```

```
// 向寄存器写入想要的频率
qin.had(1);
qc.cnot(14,1);
qin.not(2);
qc.cnot(1,2);
qin.not(2);

// 应用invQFT
qc.label('invQFT');
qin.invQFT();
```

除了制备具有给定频率的状态，invQFT 还能轻松地更改它们的频率信息。假设我们希望在算法中的某处提高 QPU 寄存器中相对相位振荡的频率，可以采取以下步骤实现。

- 针对寄存器应用 QFT，从而得到以频率空间表示的信号。
- 将存储在寄存器中的值加 1。由于输入信号是复数，因此这样做将增加每个频率分量的值。
- 通过应用 invQFT 来恢复原来的信号，只不过频率提高了。

示例 7-7 提供了一个简单的例子，电路图如图 7-23 所示。

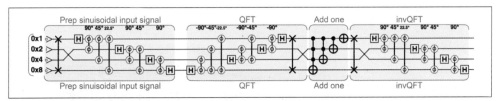

图 7-23：使用 QFT 和 invQFT 来操纵信号的频率

示例代码

请在 http://oreilly-qc.github.io?p=7-7 上运行本示例。

示例 7-7 QFT 频率操纵
```
// 设置输入寄存器
var n = 4;

// 制备以复数表示的正弦信号
qc.reset(n);
var freq = 2;
qc.label('Prep sinuisoidal input signal');
qc.write(freq);
var signal = qint.new(n, 'signal');
signal.invQFT();
```

```
// 用QFT转移到频率空间
qc.label('QFT');
signal.QFT();

// 提高信号的频率
qc.label('Add one');
signal.add(1);

// 从频率空间转移回来
qc.label('invQFT');
signal.invQFT();
```

转移到频率空间有助于对一个状态执行棘手的操作，但是在某些情况下必须谨慎。举例来说，以实数表示的输入信号就很难处理。

如果 QPU 寄存器包含一个单频状态或者一个非对称频率的叠加态，那么在应用 invQFT 之后，我们将拥有一个相对相位周期性变化的 QPU 寄存器。如果在应用 invQFT 之前，寄存器包含对称频率的叠加态，则 QPU 输出寄存器将包含强度周期性变化的状态。

7.6 QPU内部

图 7-24 展示了用于对量子字节信号执行 QFT 的基本运算过程。

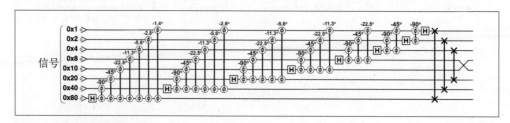

图 7-24：逐步查看 QFT 过程

我们的挑战是理解图 7-24 中的一系列简单的 QPU 运算如何从输入信号中提取频率分量。

要解释 QFT，需要考虑这个电路如何作用于图 7-6 所示的输入状态，其中相位在寄存器中周期性变化，这实在费解。我们将采用一种简单易懂的方法，即理解 invQFT 的原理。如果能理解 invQFT，就能理解 QFT，毕竟 QFT 只是 invQFT 的逆运算。

以简单的四量子比特输入为例，invQFT 可以被分解为图 7-25 所示的样子。

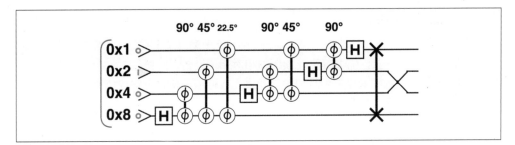

图 7-25：四量子比特的 invQFT 过程

虽然这看起来与 QFT 电路非常相似，但关键是相位不同。如果将以上电路应用于包含值 2 的寄存器，那么结果将如图 7-26 所示。

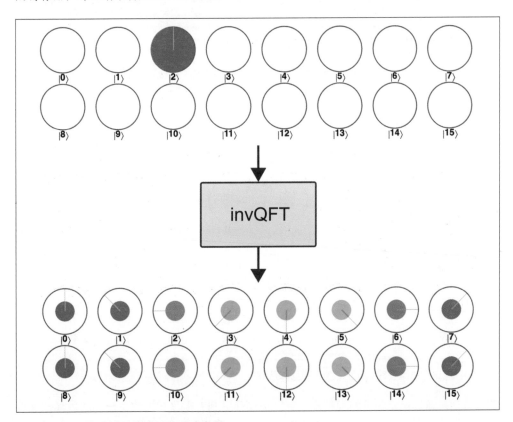

图 7-26：invQFT 以指定的频率制备寄存器

 QFT 和 invQFT 的电路有多种写法。这里选择特别方便的写法来解释电路的动作。如果看到这些原语的电路略有不同，那么有必要检查它们是否等效。

7.6.1 直观理解

假设我们提供一个 N 量子比特输入寄存器的 invQFT 来编码某个整数 n。想象逐个查看输出寄存器的 2^N 个值，我们需要每个连续值的相对相位旋转，以便每 $2^N/n$ 个圆完成一次完整的 $360°$ 旋转。这意味着要得到目标输出状态，我们需要使每个连续值的相对相位多旋转 $360° \times n/2^N$，如图 7-27 所示。

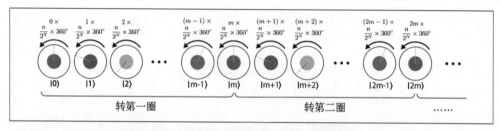

图 7-27：通过增量旋转寄存器中每个振幅的相位来获得 invQFT 输出

图 7-26 中的具体示例可能更便于我们查看和理解。由于有一个输入值为 2 的四量子比特寄存器，因此我们希望以 $45°$（$360° \times 2/2^4 = 45°$）旋转每个连续值，以获得所需的输出状态，如图 7-28 所示。

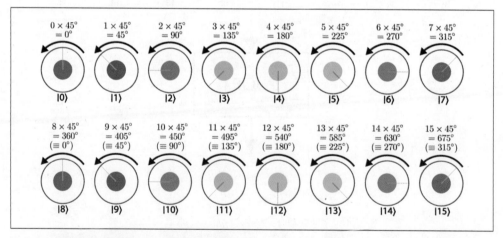

图 7-28：增量旋转以获得 invQFT 输出的具体示例

可以看到，通过这个简单的规则旋转可以精确地得到寄存器相对相位所需的周期性（当然，$360° \equiv 0°$，$405° \equiv 45°$，以此类推）。

7.6.2 逐步运算

图 7-25 中的 invQFT 电路只是实现条件旋转规则的一种巧妙的方法。为了便于理解，可以将该电路必须执行的任务分解成两个单独的需求。

- 确定 $\theta = n/2 \times 360°$（其中，n 是最初存储在寄存器中的值）。
- 将寄存器中每个圆的相位旋转 θ 的倍数，**其中倍数是圆对应的十进制值。**

实际上，invQFT 巧妙地同时执行了这两个步骤。不过，我们将分别梳理每个步骤，以便更清楚地理解 invQFT 的原理。从第 2 步开始看，这样做最容易。如果寄存器中每个值的旋转角度都是该值的倍数，那么如何应用 PHASE 指令呢？

1. 将每个圆的相位旋转其值的倍数

在 QPU 寄存器中表示整数时，第 k 个量子比特的值（0 或 1）表明它是否向整数值贡献了 2^k，就像在普通的二进制寄存器中一样。因此，要以寄存器中表示的次数对寄存器执行任何给定的运算，我们需要对 2^0 权重的量子比特执行 1 次运算，对 2^1 权重的量子比特执行 2 次运算，以此类推。

我们通过一个例子来理解。假设要在寄存器上执行 k 次旋转（角度是 $20°$），其中 k 是存储在寄存器中的值。做法如图 7-29 所示。

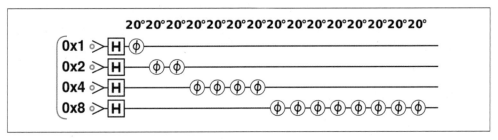

图 7-29：以寄存器指定的次数应用 PHASE

注意，我们在开始时执行了 HAD 运算，从而得到 k 个可能值的叠加结果。示例 7-8 是用于生成这个电路的代码。

示例代码

请在 http://oreilly-qc.github.io?p=7-8 上运行本示例。

示例 7-8　不同数量的 QFT 相位旋转

```
// 将寄存器中的第k个状态旋转k个20度
var phi = 20;

// 假定在四量子比特寄存器上操作
qc.reset(4);
// 首先应用HAD，以便同时看到所有k个值的结果
qc.write(0);
qc.had();
// 对第k个量子比特执行2^k相位运算
for (var i = 0; i < 4; i++) {
    var val = 1 << i;
```

```
        for (var j = 0; j < val; j++) {
            qc.phase(phi, val);
        }
    }
```

运行示例 7-8 中的代码，得到的结果是第 k 个状态被旋转了 $k \times 20°$，如图 7-30 所示。这正是我们想要的！

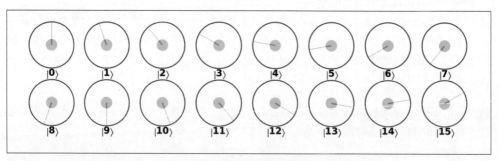

图 7-30：对每个量子比特执行一定次数的运算，其中次数由量子比特的权重指定

为了实现 invQFT，需要以 $n/2^N \times 360°$ 的角度应用这个技巧，而不是 $20°$（其中 n 是寄存器中的初始值）。

2. 以 $n/2^N \times 360°$ 进行条件旋转

回顾图 7-25，我们注意到 invQFT 由 4 个子例程组成，如图 7-31 所示。

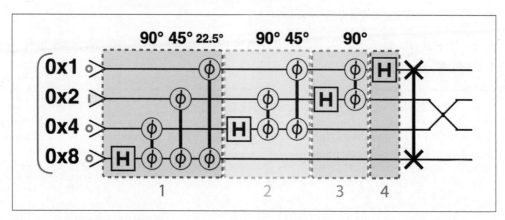

图 7-31：invQFT 的 4 个子例程

每个子例程都精确地执行图 7-28 所示的增量多重旋转。问题是，这些子例程要进行几重旋转？我们现在知道，第 1 个子例程以 $n/2^N \times 360°$ 旋转最高权重的量子比特，第 2 个子例程以第 1 个角度的 2^1 倍旋转次高权重的量子比特，以此类推，如图 7-32 所示——旋转效果正如图 7-28 所示的那样。

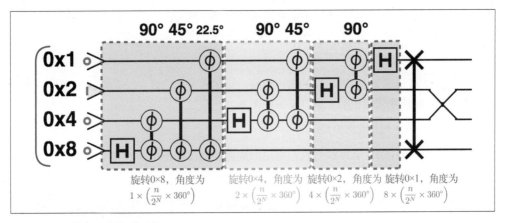

图 7-32：invQFT 子例程的功能

如果仔细观察，你会注意到这里的旋转顺序实际上与图 7-28 中的顺序相反，我们很快就会看到如何简单地处理这个问题。

思考图 7-32 中的第 1 个子例程，如图 7-33 所示。我们可以确认，它在最高权重的量子比特上（0x8）执行指定的 $n/2^N \times 360°$ 旋转。

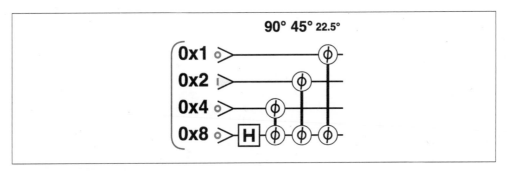

图 7-33：invQFT 的第 1 个子例程

这个子例程中的每个 CPHASE 都有条件地将 0x8 量子比特旋转一个角度，该角度与 360° 的比值等于条件量子比特与 2^N 的比值。例如，0x4 和 0x8 之间的 CPHASE 将最高权重的量子比特旋转 90°，这是因为 $4/2^4 = 90°/360°$。通过这种方法，我们在 0x8 量子比特上为其二进制展开的每个分量都构建 $n/2^N \times 360°$ 旋转机制。

但是最高权重的量子比特怎么办呢？它的二进制展开还需根据最高权重量子比特的值，对其执行 180° 相对相位的条件旋转。图 7-33 中的 HAD 运算正是为了做到这一点。（要理解这一点，只需回忆 HAD 对 |0⟩ 态和 |1⟩ 态的影响。）这个 HAD 运算还有另一个目的：根据图 7-28 的要求，生成该量子比特的叠加态。现在你知道我们说这个电路很巧妙是什么意思了吧？

图 7-32 中的每个后续子例程都有效地执行向左旋转，提高与每个量子比特相关联的角度的

权重。比如，在第 2 个子例程中，0x2 量子比特与 90° 相关联，而不是 45°。最终结果是，每个子例程将 $n/2^N \times 360°$ 的相位乘以 2，然后作用于特定的量子比特，正如图 7-32 所示的那样。

这样一来，就执行了 invQFT 所需的条件旋转，除了有一个问题：一切都颠倒了！子例程 1 将 0x8 量子比特旋转相位的 1 倍，而根据图 7-28，应该旋转其值的 8 倍。这就是需要在图 7-32 的最后进行交换的原因。

是不是很巧妙？ invQFT 电路执行我们期望的周期性变化输出所需的多个步骤，并且这些步骤被浓缩为一个小型多用途运算集！

为了简化，我们将场景限制为 invQFT 接受整数输入，不过本章所用的 QPU 运算同样适用于叠加态输入。

7.7　小结

在本章中，你学习了一个非常强大的 QPU 原语——量子傅里叶变换（QFT）。AA 原语能够提取编码在寄存器相位中的离散值的信息，QFT 原语则能提取编码在 QPU 寄存器中的信息模式。我们将在第 12 章中看到，这个原语是在 QPU 上运行的一些强大算法的核心，包括让许多人对量子计算产生兴趣的舒尔算法。

第 8 章

量子相位估计

量子相位估计（quantum phase estimation，也可简称为相位估计）是可供我们使用的另一个 QPU 原语。像 AA 和 QFT 一样，相位估计从叠加态中提取可读的信息。它在概念上比较复杂，并且比本书已经介绍的其他 QPU 原语都更具挑战性，主要有两个原因。

- 与 AA 和 QFT 不同，相位估计告诉我们的是作用于 QPU 寄存器的某个运算的性质，而不是 QPU 寄存器状态本身的属性。
- 尽管在许多算法中非常重要，但相位估计所告诉我们的关于 QPU 运算的性质**看上去**是无用和随意的。不借助一些相对高级的数学技巧，很难揭示它的实际用途。不过，我们会试试看的！

本章将探讨什么是相位估计，先给出一些实际的例子，然后逐步讲解。

8.1　了解QPU运算

使用 QPU 对想解决的问题进行编程时，我们将不可避免地用到第 2 章和第 3 章介绍的基本运算对某个 QPU 寄存器进行操作。通过使用原语来了解，这可能听起来很奇怪——当然，如果构建了一个电路，那么我们需要了解的事情都会了解！但是，由于某些类型的输入数据可能被编码在 QPU 运算中，因此更多地了解 QPU 运算有助于找到理想的解决方案。

举例来说，我们会在第 13 章中看到，用于求逆矩阵的 HHL 算法通过明智地选择 QPU 运算来对这些矩阵进行编码。量子相位估计揭示了这些运算的性质，它告诉我们一些关于待求逆矩阵的关键信息。

8.2 本征相位揭示有用信息

相位估计究竟能揭示 QPU 运算的什么性质呢？要回答这个问题，最容易的做法也许是看一个例子。让我们看一看老朋友 HAD。当作用于单量子比特寄存器时，HAD 将 |0⟩ 和 |1⟩ 转换为全新的状态，如图 8-1 所示。

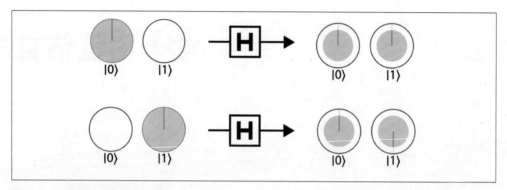

图 8-1：针对 |0⟩ 态和 |1⟩ 态应用 HAD

对于大多数其他输入状态，HAD 同样会产生全新的输出状态。不过，请考虑 HAD 作用于图 8-2 所示的两个特殊输入状态的情形。

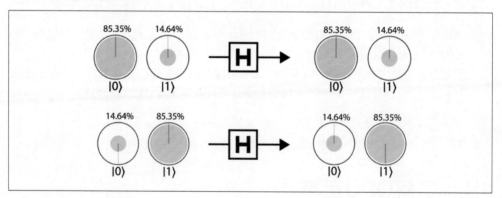

图 8-2：HAD 作用于本征态

第一个输入状态的两个分量同相，有 14.64% 的概率处于 |1⟩ 态。第二个输入状态的两个分量 180° 异相，有 14.64% 的概率[1]处于 |0⟩ 态。

注意看 HAD 如何作用于这些输入状态。第一个输入状态完全不变，第二个输入状态仅获得了 180° 的全局相位（相对相位不变）。由于全局相位是不可观测的，因此我们同样可以说：HAD 实际上使第二个输入状态保持不变。

注 1：实际上是 $\sin^2(22.5)$。

这种不受某个 QPU 运算影响的状态（全局相位除外）被称为该运算的**本征态**（eigenstate）。每个 QPU 运算都有这样一组特殊状态，对于这些状态，它只会传递一个不重要的全局相位。

虽然本征态可以获得的全局相位是不可观测的，但它们确实揭示了关于 QPU 运算的一些信息。通过特定的本征态获得的全局相位被称为该本征态的**本征相位**（eigenphase）。

正如我们已经看到的，HAD 有两个（实际上也只有两个）本征态，相应的本征相位如表 8-1 所示。

表8-1：HAD的本征态和本征相位

本征态		本征相位
85.35% $|0\rangle$	14.64% $|1\rangle$	$0°$
14.64% $|0\rangle$	85.35% $|1\rangle$	$180°$

需要再次强调的是，表 8-1 所示的本征态及其相应的本征相位是 HAD 所专有的——其他 QPU 运算具有完全不同的本征态和本征相位。实际上，通过本征态和本征相位就可以确定 QPU 运算，这是因为每个 QPU 运算都有自己的本征态和本征相位。

8.3　相位估计的作用

我们已经了解了本征态和本征相位的含义，接下来看看相位估计原语能够实现什么。相位估计有助于确定与 QPU 运算的本征态相关的本征相位，并返回所有本征相位的叠加态。这绝非易事，因为全局相位通常不可观测。相位估计原语的美妙之处在于，它找到了一种方法，将全局相位的信息以可读取的形式移动到另一个寄存器中。

为什么要确定 QPU 运算的本征相位呢？你将在后文中看到，这么做十分有用。如前所述，本征相位可以独一无二地描述 QPU 运算，单从这一点就可以看出，它是强大的工具。

 如果你熟悉线性代数，不妨了解一下：本征态和本征相位分别是量子计算中以全数学形式表示 QPU 运算的**幺正矩阵**（unitary matrix）的本征向量和复数本征相位。

8.4 如何使用相位估计

在了解了相位估计的作用之后，让我们亲自体验一下，看看如何在实践中利用它。假设有一个 QPU 运算 U，它作用于 n 个量子比特，其本征态集合为 u_1、u_2、…、u_j。利用相位估计，我们希望学到这些本征态对应的本征相位。别忘了，因为第 j 个本征态对应的本征相位总是全局相位，所以我们可以通过全局相位旋转寄存器状态的角度 θ_j 来指定它。使用此符号，可以对相位估计任务进行更为简洁的描述：

给定 QPU 运算 U 和它的一个本征态 u_j，相位估计任务将返回（满足一定精度的）其对应本征相位角 θ_j。

在 QCEngine 中，可以使用内置的 phase_est() 函数来执行相位估计任务（关于该函数在更基本的 QPU 运算层面的实现，请参见示例 8-2）。为了成功调用这个原语，我们需要了解它所期望的输入是什么，以及应当如何解释它的输出。图 8-3 总结了相位估计原语的输入和输出。

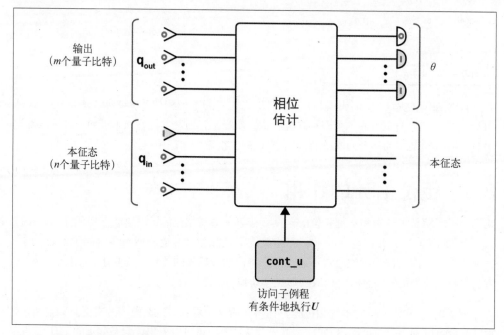

图 8-3：相位估计原语用法概览

让我们更深入地了解 phase_est() 的参数。

8.4.1 输入

相位估计的函数原型如下所示。

```
phase_est(qin, qout, cont_u)
```

qin 和 qout 都是 QPU 寄存器，cont_u 则应该是对执行 QPU 运算的函数的引用（不过是以特定的方式，稍后详述）。

qin

qin 是处于本征态 u_i 的 n 量子比特输入寄存器，我们希望获得它的本征相位。

qout

qout 是有 m 个量子比特的寄存器，初始化为全零状态。相位估计原语最终将使用这个寄存器返回我们在 qin 中输入的本征态所对应的期望角度 θ_i 的二进制表示。一般来说，m 越大，得到的 θ_i 所表示的精度就越高。

cont_u

cont_u 是 QPU 运算 U 的一种条件版本的实现。它以 cont_u(in, out) 形式进行函数传递，该函数接受单个量子比特 in，这个参数将控制 U 是否被应用于 n 量子比特寄存器 out。

我们来看一个具体的相位估计例子，即应用该原语找到 HAD 的本征相位。从表 8-1 中可知，HAD 的一个本征态对应本征相位 180°。让我们看看使用示例 8-1 中的代码能否再现这个结果。

示例代码

请在 http://oreilly-qc.github.io?p=8-1 上运行本示例。

示例 8-1　使用相位估计原语

```
// 指定输出寄存器的大小，决定答案的精度
var m = 4;
// 指定用于表示本征态的输入寄存器的大小
var n = 1;
// 设置
qc.reset(m + n);
var qout = qint.new(m, 'output');
var qin = qint.new(n, 'input');
// 将输出寄存器初始化为全零状态
qout.write(0);

// 将输入寄存器初始化为HAD的本征态
qin.write(0);
qin.roty(-135);
// 这个状态的本征相位为180°
// 若要使本征相位为0°，则需将代码替换为qin.roty(45)

// 定义条件幺正
function cont_u(qcontrol, qtarget, control_count) {
    // 对于HAD，我们只需要知道control_count是偶数还是奇数
    // 这是因为应用HAD偶数次相当于什么都不做
```

```
        if (control_count & 1)
            qtarget.chadamard(null, ~0, qcontrol.bits(control_count));
    }
    // 针对寄存器运用相位估计原语
    phase_est(qin, qout, cont_u);
    // 读取输出寄存器
    qout.read();
```

我们用 qin 来指定感兴趣的本征态，并将 qout 初始化为全零的四量子比特寄存器。至于
cont_u，需要强调的是，我们并不是简单地传递 HAD，而是传递一个实现**条件** HAD 运算
的函数。我们将在本章后面看到，相位估计的内部机制明确要求这样做。由于生成任何给
定 QPU 运算的条件版本都不容易，因此 phase_est() 让用户指定一个满足此要求的函数。
在本例中，我们使用 QCEngine 内置的条件 HAD，也就是 chadamard()。

图 8-4 以圆形表示法展示了示例 8-1 的运行结果。

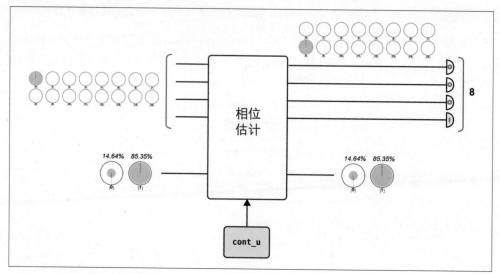

图 8-4：相位估计原语的应用结果

输入寄存器的状态在应用 phase_est() 前后保持不变，这符合预期。但是，输出寄存器是
怎么回事？我们期望得到 180°，结果得到的却是 8！

8.4.2 输出

我们通过对输出寄存器的 m 个量子比特应用 READ 来获得本征相位。需要注意的是，相位
估计的内部机制最终将 θ_j 表示为在 360° 中所占的比例，那么编码在输出寄存器中，即为
在寄存器大小中所占的比例。换言之，如果输出本征相位为 90°，即旋转四分之一周的角
度，那么三量子比特输出寄存器将生成值 2，也就是寄存器的 8 个可能值的四分之一。对

于图 8-4 中的情况，我们期望得到 180°，即旋转二分之一周的角度。因此，在一个有 16 个可能值的四量子比特输出寄存器中，期望值为 8，因为这正好是寄存器大小的一半。方程式 8-1 给出了将本征相位 θ_j 与我们将读出的寄存器值 R 联系起来的简单公式，它是与寄存器大小有关的函数。

方程式 8-1 寄存器输出值 R、本征相位 θ_j 和寄存器大小 m 的关系

$$R = \frac{\theta_j}{360°} \times 2^m$$

8.5 使用细节

在进行 QPU 编程时，应该时刻小心可能面临的任何限制。对于相位估计来说，有一些细节需要记住。

8.5.1 选择输出寄存器的大小

在示例 8-1 中，我们试图找出的本征相位可以完美地表示为四量子比特。不过一般来说，本征相位的精度取决于输出寄存器的大小。举例来说，表 8-2 列出了使用三量子比特输出寄存器可以精确表示的角度。

表8-2：三量子比特输出寄存器可以精确表示的角度

二进制数	在寄存器值中的占比	角　　度
000	0	0°
001	1/8	45°
010	1/4	90°
011	3/8	135°
100	1/2	180°
101	5/8	225°
110	3/4	270°
111	7/8	315°

如果试图使用这个三量子比特输出寄存器来找出值为 150° 的本征相位，那么寄存器的位数将不足。若要完全表示 150°，需要增加输出寄存器中的量子比特数。

当然，无限制地增加输出寄存器的大小是不现实的。在输出寄存器位数不足的情况下，我们最终得到的是以最接近的可能值为中心的叠加值。由于这种叠加值的存在，我们仅能以一定的概率得到较佳的相位估计值。例如，图 8-5 展示了在只有三量子比特输出寄存器的情况下，利用相位估计找出本征相位 150° 时得到的实际输出状态。相关代码如示例 8-2 所示。

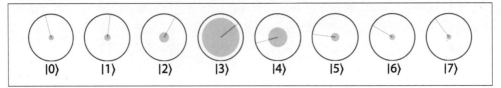

图 8-5：超出输出寄存器位数的相位估计

获得最佳相位估计结果的概率总是大于 40% 左右。当然，可以通过增加输出寄存器大小来提高这个概率。

如果既想将本征相位精确到 p 位的精度，又希望误差概率不超过 ϵ，那么可以通过方程式 8-2 来计算应使用的输出寄存器大小 m。

方程式 8-2   计算适合的输出寄存器大小 m

$$m = p + \left\lceil \log_2\left(2 + \frac{1}{\epsilon}\right) \right\rceil$$

8.5.2 复杂度

相位估计原语的复杂度（视所需的运算个数而定）取决于我们在输出寄存器中使用的量子比特数 m，为 $O(m^2)$。显然，要求的精度越高，所需的 QPU 运算就越多。我们将在 8.7 节了解到，这种依赖性主要是由于相位估计依赖于 invQFT 原语。

8.5.3 条件运算

对于相位估计来说，最需要谨慎对待这样一个假设：可以访问实现了**条件版本** QPU 运算的子例程。由于相位估计原语会多次调用这个子例程，因此高效地执行它至关重要。效率高低取决于使用相位估计的应用程序的要求。一般来说，如果 cont_u 子例程的复杂度高于 $O(m^2)$，则相位估计原语的整体效率将降低。找到高效子例程的难易度取决于具体的 QPU 运算。

8.6 实践中的相位估计

相位估计能够提取特定本征态对应的本征相位，这就要求我们在输入寄存器中指定该本征态。这听上去有点奇怪——在已知本征态的前提下，想知道其本征相位，这种情况是否常见呢？

相位估计的真正用途是，像所有有用的 QPU 运算一样，可用于解决叠加态的问题。如果将本征态的叠加值作为相位估计原语的输入，那么我们将得到对应的本征相位的叠加值。输出叠加态中的每个本征相位的强度正好等于其本征态在输入寄存器中的强度。

作用于叠加本征态的能力使得相位估计原语特别有用，这是因为事实上，QPU 寄存器的**任何状态**都可以被认为是任意 QPU 运算的叠加本征态[2]。

如果将 phase_est() 的输入 cont_u 设置为某个 QPU 运算 U，并将 qin 设置为某个通用寄存器状态 $|x\rangle$，那么相位估计原语将返回 U 作用于 $|x\rangle$ 的本征相位的详细信息。这些信息在许多涉及线性代数的数学应用中很有用。在实践中，我们可以高效地提取叠加本征相位，这就提高了针对 QPU 使数学应用并行化的可能性（不过仍然需要注意一些使用细节）。

8.7 QPU内部

相位估计的内部工作原理值得一探。它不仅建立在第 7 章所介绍的 QFT 原语的基础上，还在许多 QPU 应用中起着核心作用。

示例 8-2 给出了在示例 8-1 中首次使用的 phase_est() 函数的完整实现。

示例代码

请在 http://oreilly-qc.github.io?p=8-2 上运行本示例。

示例 8-2 相位估计原语的实现

```
function phase_est(q_in, q_out, cont_u)
{
    // 相位估计主程序在输出寄存器上执行一次HAD
    q_out.had();

    // 应用U的条件幂运算
    for (var j = 0; j < q_out.numBits; j++)
        cont_u(q_out, q_in, 1 << j);

    // 在输出寄存器上执行invQFT
    q_out.invQFT();
}
```

示例 8-2 中的代码实现了图 8-6 所示的电路。

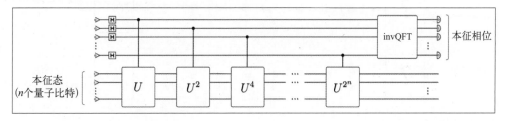

图 8-6：实现相位估计的完整电路

注 2：这一事实并非显而易见，但完全可以用量子计算的数学机制来证明。第 14 章将给出更多的技术资源，以帮助你进一步了解为什么这个说法是正确的。

代码相当简洁！接下来的任务是理解这段代码如何通过 cont_u 参数提取 QPU 运算的本征相位。

8.7.1　直观理解

从 QPU 运算中获取本征相位听起来非常简单。phase_est() 可以访问 QPU 运算及其一个或多个本征态，为什么不像图 8-7 所示的那样简单地对本征态执行 QPU 运算呢？

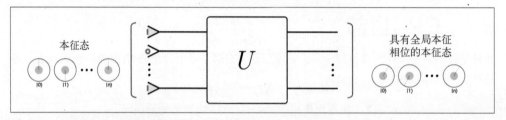

图 8-7：对相位估计的简单操作建议

根据本征态和本征相位的定义，图 8-7 所示的简单程序使得输出寄存器具有与输入寄存器相同的本征态，但本征相位是全局相位。虽然这种方法**的确**能表示输出寄存器中的本征相位 θ，但如前所述，全局相位是不能读出的。因此，图 8-7 所示的简单想法有问题——我们想要的信息被困在 QPU 寄存器的相位里。

我们需要的是某种调整图 8-7 的方法，以便从寄存器的可读属性中获得所需的本征相位。翻翻我们不断增长的原语工具箱，其中的 QFT 为我们提供了一丝希望。

你应该记得，QFT 将周期性的相位差转换成可以读出的振幅。因此，如果能找到一种方法，使输出寄存器中的相对相位随着由本征相位决定的频率而周期性变化，那就大功告成了——只需简单地应用 QFT 读出本征相位即可。

以两个易于理解的本征相位角度为例，图 8-8 展示了我们想要的效果。

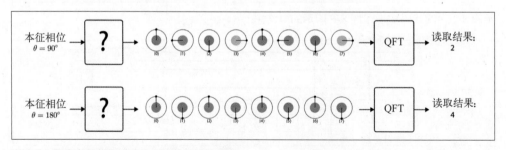

图 8-8：用寄存器频率表示本征相位的两个例子

为了获得图 8-8 所示的结果，需要用一组 QPU 运算替换图中的问号。假设试图确定 90° 的本征相位（图中的第一个例子），我们希望通过让寄存器的相对相位以 1/4（90/360 = 1/4）的频率旋转来将其编码到寄存器中。由于寄存器有 8 个可能的状态（$2^3 = 8$），因此我们希望寄存器执行两次完整的旋转，从而得到 1/4 的频率（2/8 = 1/4）。当然，在对寄存器执行 QFT 运算时，我们会读出值 2。由此，可以成功地推断出本征相位：$2/8 = \theta/360° \Rightarrow \theta = 90°$。

对图 8-8 进行深入思考之后，我们发现可以通过一些精心选择的条件旋转来获得所需的状态。只需要先选取所有可能的寄存器状态的叠加态，然后将第 k 个状态旋转 k 次，不管所需的频率是多少。也就是说，如果想编码 θ 的本征相位，就将第 k 个状态旋转 $k\theta$ 度。

图 8-9 详细地展示了在三量子比特寄存器的 8 个状态中编码 90° 本征相位的例子。

图 8-9：通过条件旋转将值编码为寄存器频率

这样一来，我们就成功地重新定义了问题：**如果能将寄存器的第 k 个状态旋转所期望的本征相位的 k 倍，那么就能通过 QFT 读出它。**

 如果"旋转寄存器值的倍数"这种想法听起来耳熟，那可能是因为这正是我们在第 7 章末尾用来理解 QFT 的方法。只不过在这里，我们想做的是根据 QPU 运算的本征相位来确定寄存器频率。

8.7.2　逐步运算

我们会在下文中看到，可以通过将 cont_u 子例程（提供对 U 的条件访问）和第 3 章介绍的相位反冲技巧结合起来构建实现上述条件旋转的电路。

每当将 QPU 运算 U 作用于它的本征态时，我们都会通过它的本征相位产生一次全局旋转。全局相位的特点对我们来说并不是很好，但是我们可以扩展这个思路，使用一个旋转任意整数倍 k（在另一个 QPU 寄存器中指定）的全局相位。图 8-10 所示的电路实现了这一点。

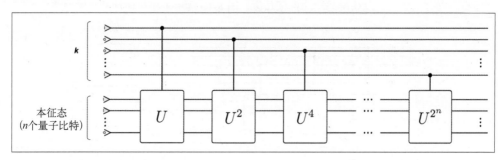

图 8-10：旋转一定倍数次的本征相位

每当将 *U* 应用于底部寄存器的本征态时,我们就以本征相位 *θ* 旋转。条件运算仅执行 *k* 的二进制表示中的每一位所指定的旋转次数,从而使得在底部本征态寄存器上共应用 *k* 次 *U*,也就是使其旋转 *kθ*。

这个电路能够对某个值 *k* 只实现一次全局相位旋转。为了实现图 8-9 所示的效果,我们希望对处于叠加态的寄存器中的所有 *k* 值都实现这样的旋转。不要在顶部寄存器中指定单个 *k* 值,而是要使用所有 2^n 个可能值的均匀叠加值,如图 8-11 所示。

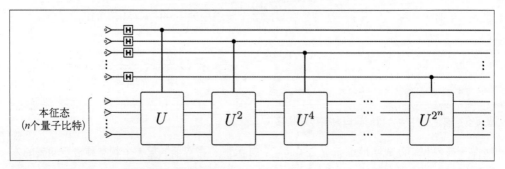

图 8-11:有条件地同时旋转寄存器中的所有状态

这个电路在第二个寄存器上的效果是这样的:如果第一个寄存器处于 |0⟩ 态,那么第二个寄存器的全局相位将旋转 0°(0 × *θ* = 0°);如果第一个寄存器处于 |1⟩ 态,那么第二个寄存器的全局相位将旋转 *θ*(1 × *θ* = *θ*),以此类推。不过从整体上看,我们似乎只会在第二个寄存器中得到无用的(有条件的)全局相位。

关于第一个寄存器的状态(它最初是 *k* 值的叠加值),能想到什么吗?回顾第 3 章介绍的相位反冲技巧,在本例的电路末尾,我们同样可以认为第一个寄存器中的每个状态的相对相位都被旋转了指定的角度。换句话说,|0⟩ 态获得 0° 的相对相位,|1⟩ 态获得 90° 的相对相位,以此类推。这正是图 8-9 所示的效果,搞定了!

你可能需要使用前面的参数多运行几次,才能理解如何使用 cont_u 和相位反冲将本征相位信息提取到第一个寄存器的频率中。一旦完成了这项工作,剩下要做的就是将 invQFT 应用于寄存器并读取它,以获得想要的本征相位。图 8-12 展示了相位估计的完整电路。

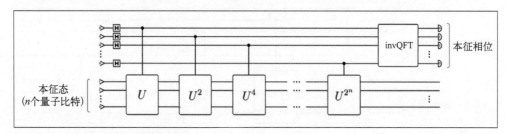

图 8-12:实现相位估计的完整电路

我们现在明白了为什么需要提供一个子例程来执行 QPU 条件运算。还要注意的是，底部寄存器将在原语执行后保持本征态不变。希望你现在借助 invQFT 弄清楚了为什么顶部输出寄存器的大小限制了原语的精度。

 cont_u 的幂运算执行方式对相位估计的效率有很大的影响。举例来说，通过连续 4 次调用 cont_u 来不加考虑地执行 U^4 是非常低效的。因此，可以向 phase_est() 传递一个子例程，并使该子例程能高效地返回 QPU 运算的 n 次方。

8.8　小结

本章探讨了一个新的 QPU 原语：相位估计。这个原语使用先前引入的 3 个概念（相位反冲、条件幺正和 invQFT 原语）来取得了不起的成就：提取 QPU 运算编码在寄存器的全局相位中的信息。具体的实现方式是，首先将全局相位信息转换为第二个量子寄存器中的相对相位信息，然后应用 invQFT 以可读格式提取该信息。这个操作对于第 13 章将介绍的一些机器学习运算至关重要。

第三部分
QPU应用程序

我们已经牢固地掌握了一些基本的 QPU 原语，是时候结束"QPU 如何工作"的话题，转而探索"如何使用 QPU 来做一些有用的事情"了。

第 9 章演示如何在 QPU 中表示和存储有用的数据结构（不限于简单的整数）。第 10 章展示如何将第 5 章中的算术原语用于一类叫作量子搜索的应用程序。第 11 章介绍 QPU 原语在计算机图形学中的应用。第 12 章介绍著名的舒尔分解算法。第 13 章介绍 QPU 原语在机器学习中的应用。

人们仍在拓展 QPU 应用程序的用武之地，这项工作是全球数千名专家的研究焦点。希望本部分内容能够帮助并鼓励你迈出第一步，在他人尚未探索过的领域找到 QPU 应用程序的用武之地。

第 9 章

真实的数据

完全成熟的 QPU 应用程序是为冷冰冰的真实数据构建的。真实的数据并不一定像前文所用的基本整数输入那样简单。因此，有必要考虑如何在 QPU 中表示更复杂的数据。好的数据结构和好的算法同等重要。本章旨在回答前文刻意回避的两个问题。

- **如何在 QPU 寄存器中表示复杂的数据类型？** 正整数可以用简单的二进制编码表示，那么该如何表示无理数和向量或矩阵等复合类型的数据呢？当涉及用叠加态和相对相位等量子方式来编码这些数据类型时，这个问题会变得更加尖锐。
- **如何将存储的数据读入 QPU 寄存器？** 到目前为止，我们一直在手动初始化输入寄存器，并使用写操作手动将寄存器中的量子比特设置为感兴趣的二进制整数。要是想针对大量数据使用 QPU 应用程序，我们需要从内存中将这些数据读入 QPU 寄存器。做到这一点不容易，因为可能需要用一个叠加值来初始化 QPU 寄存器，而这是传统的 RAM 不擅长的工作。

我们首先解决第一个问题。在描述越来越复杂的数据类型的 QPU 表示时，我们将引入真正的量子数据结构和**量子随机存取存储器**（quantum random access memory，QRAM）。QRAM 是许多实际 QPU 应用程序的关键资源。

后面的几章将非常依赖本章介绍的数据结构。举例来说，我们为向量数据引入的振幅编码技术是第 13 章提到的所有量子机器学习应用程序的核心。

9.1 非整型数据

如何在 QPU 寄存器中编码非整型数据呢？以二进制表示这些值的两种常用方法是**定点**（fixed point）和**浮点**（floating point）。尽管浮点表示更为灵活（能够用一定数量的比特来适应我们需要表示的值范围），但考虑到对量子比特的重视和对简单性的渴望，定点表示在现阶段对我们更有吸引力。

定点表示将寄存器分成两部分，一部分对数值的整数部分进行编码，另一部分对小数部分进行编码。整数部分使用标准二进制编码来表示，即高位的量子比特表示 2 的幂次增加。与之相对，在寄存器的小数部分中，量子比特数位的**递减**表示 1/2 的幂次**递增**。

我们通常用 **Q 表示法**来描述定点数（请注意，Q 并不表示 quantum）。这有助于区分寄存器中的小数位结束位置和整数位开始位置。$Qn.m$ 表示在 n 位寄存器中有 m 位为小数，也就是说，剩余的 $(n-m)$ 位为整数。当然，我们可以用这一表示法来指定如何使用 QPU 寄存器编码定点数。图 9-1 显示了以 Q8.6 定点编码方式对值 3.640625 进行编码的八量子比特寄存器。

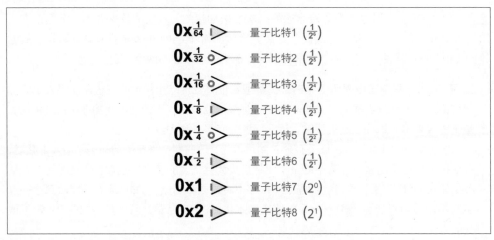

图 9-1：值 3.640625 的 Q8.6 定点编码方式，其二进制形式为 11101001

在这个例子中，我们成功地以定点数精确地编码了选定的数值，因为 $3.640625 = 2^1 + 2^0 + 1/2^1 + 1/2^3 + 1/2^6$。（太巧了！）当然，我们不可能总是这么幸运。增加定点寄存器整数部分的位数会扩大它可以编码的整数范围，增加小数部分的位数则会提高小数部分的**精度**。表示小数部分的量子比特越多，$1/2^1$，$1/2^2$，$1/2^3$，…的某种组合就越有可能准确地表示给定的实数。

尽管在接下来的章节中，我们只会在使用定点编码时顺带点出它们，但是它们对于能够在小型 QPU 寄存器中尝试真实的数据至关重要，因此值得注意。在处理各种编码时，我们必须努力跟踪给定 QPU 寄存器中的数据所使用的特定编码，以便正确地解释其量子比特的状态。

 请注意，使用二进制补码和定点编码的操作经常会导致**溢出**，这是由于计算结果太大，无法在寄存器中表示。这实际上会弄乱输出结果，把它变成毫无意义的数字。遗憾的是，真正解决溢出问题的唯一方案是向寄存器中添加更多的量子比特。

9.2　QRAM

我们现在可以在 QPU 寄存器中表示不同的数值了，但是如何将这些数值输入 QPU 寄存器中呢？手动初始化输入数据的做法很快就会过时。我们真正需要的是从内存中读取数值的能力。内存中的二进制地址帮助我们定位存储的值。程序员通过两个寄存器与传统的随机存取存储器（random access memory，RAM）打交道：一个被初始化为内存地址，另一个未被初始化。给定这些输入后，RAM 将第二个寄存器设置为存储在第一个寄存器指定地址的二进制内容，如图 9-2 所示。

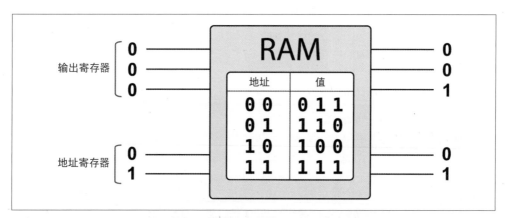

图 9-2：传统的 RAM。图中的表展示了存储的值以及用于访问这些值的接口

我们可以使用传统的 RAM 来存储初始化 QPU 寄存器的值吗？这个想法很吸引人。

如果只想用一个常规值初始化 QPU 寄存器（无论是二进制补码、定点值还是简单的二进制编码），那么 RAM 足以满足要求。我们只需先将相关的值存储在 RAM 中，然后使用 write() 或 read()，通过 QPU 寄存器插入或获取它。这正是迄今为止 QCEngine 的 JavaScript 代码在幕后与 QPU 寄存器打交道的方式。

举个例子，示例 9-1 中的代码接受数组 a 并实现 a[2] += 1;。这段代码隐式地从 RAM 中创建了该数组值，用来初始化 QPU 寄存器，对应的电路如图 9-3 所示。

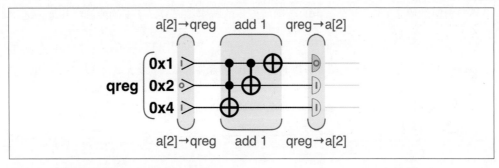

图 9-3：使用 QPU 递增 RAM 中的一个数

示例 9-1　使用 QPU 递增 RAM 中的一个数

```
var a = [4, 3, 5, 1];

qc.reset(3);
var qreg = qint.new(3, 'qreg');

qc.print(a);
increment(a, qreg);
qc.print(a);

function increment(index, qreg)
{
    qreg.write(a[index]);
    qreg.add(1);
    a[index] = qreg.read();
}
```

值得注意的一点是，在这个简单的例子中，不仅传统的 RAM 被用来存储整数，传统的 CPU 也被用来执行数组索引、选择并传给 QPU 我们想要的数组值。

虽然以这种方式使用 RAM 可以将 QPU 寄存器初始化为简单的二进制值，但它有一个严重的缺点。如果我们想将 QPU 寄存器初始化为存储值的**叠加值**，该怎么办呢？假设 RAM 在地址 0x01 存储值 3（110），在地址 0x11 存储值 5（111）。如何将输入寄存器的状态制备为这两个值的叠加值呢？

使用 RAM 及其因循守旧的传统 write() 无法实现这一点。就像人们使用真空管技术创建了第一代计算机一样，QPU 也需要一种全新的内存硬件，这种硬件在本质上具有量子特性。QRAM 的概念应运而生，它能够以真正的量子方式读写数据。人们已经有了一些实际构建 QRAM 的思路，但值得注意的是，历史很可能会重演——令人激动的强大 QPU 或许在能与其配合工作的 QRAM 出现之前就已存在很长时间了。

让我们更详细地了解一下 QRAM 的实际功能。与传统的 RAM 一样，QRAM 采用两个寄存器作为输入：**地址寄存器**用于指定内存地址，**输出寄存器**用于返回存储在该地址的值。注意，在 QRAM 中，这两个都是 QPU 寄存器。这意味着我们可以指定地址寄存器中的地址叠加值，从而通过输出寄存器得到相应值的叠加值，如图 9-4 所示。

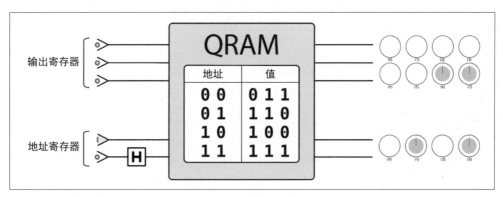

图 9-4：QRAM——使用 HAD 运算以叠加方式准备地址寄存器，并得到存储值的叠加值（以圆形表示法表示）

可见，QRAM 实质上使我们可以读取存储值的叠加值。我们通过输出寄存器得到的叠加态的振幅由地址寄存器提供的叠加值决定。示例 9-2 通过执行与示例 9-1 相同的增量操作来演示差异，电路如图 9-5 所示，但示例 9-2 使用 QRAM（而不是 QPU）来访问数据。图 9-5 中的 A 表示向 QRAM 提供地址（或地址叠加值）的寄存器，D 表示对应的输出寄存器。

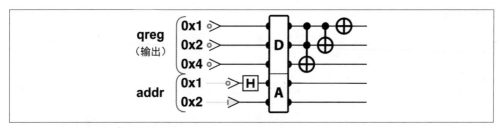

图 9-5：使用 QRAM 执行增量运算

示例代码

请在 http://oreilly-qc.github.io?p=9-2 上运行本示例。

示例 9-2　使用 QPU 递增 QRAM 中的一个数

```
var a = [4, 3, 5, 1];
var reg_qubits = 3;
qc.reset(2 + reg_qubits + qram_qubits());
var qreg = qint.new(3, 'qreg');
var addr = qint.new(2, 'addr');
```

```
var qram = qram_initialize(a, reg_qubits);

qreg.write(0);
addr.write(2);
addr.hadamard(0x1);

qram_load(addr, qreg);
qreg.add(1);
```

 能否把叠加值**写回** QRAM 呢？这不是 QRAM 存在的目的。QRAM 使我们能够以传统方式**访问**被写入的数值。可以无限地存储叠加态的**持久量子存储器**将是完全不同的硬件，它的构建可能更具挑战性。

对 QRAM 的这种描述可能听起来令人费解——到底什么是 QRAM 硬件？在本书中，我们没有描述如何在实践中构建 QRAM（正如大多数 C++ 书没有详细描述 RAM 是如何工作的）。示例 9-2 这样的代码示例使用模拟了 QRAM 行为的简化模拟器模型运行。不过，本书中提出的 QRAM 技术的确存在。

和许多其他量子计算硬件一样，尽管 QRAM 将是真正的 QPU 中的关键组件，但它的实现细节可能会发生变化。对我们来说，重要的是把它看作行为方式如图 9-4 所示的**基本资源**，以及可以使用它构建强大的应用程序。

有了可以自由支配的 QRAM，我们可以开始构建更复杂的量子数据结构。我们特别感兴趣的是用它能够表示向量和矩阵。

9.3 向量的编码

假设要初始化 QPU 寄存器来表示一个简单的向量，如方程式 9-1 所示。

方程式 9-1 用于初始化 QPU 寄存器的示例向量

$\vec{v} = [0, 1, 2, 3]$

在量子机器学习应用程序中，我们经常会碰到这种形式的数据。

要对向量数据进行编码，也许最显而易见的方法是使用适当的二进制编码，在不同的 QPU 寄存器的状态下表示其每个元素。我们把这种也许是最显而易见的方法称为向量数据的**状态编码**（state encoding）。可以将方程式 9-1 中的示例向量进行状态编码，使其成为 4 个双量子比特寄存器，如图 9-6 所示。

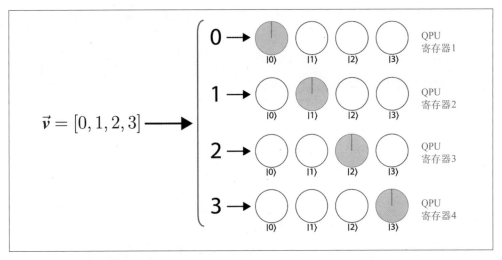

图 9-6：使用状态编码在 QPU 寄存器中存储向量数据

这种简单的状态编码有一个问题，那就是对于量子比特这个最稀缺的 QPU 资源来说，它太"重"了。换个角度考虑，对传统向量进行状态编码的做法也有优点：不需要任何 QRAM。我们可以简单地将向量元素存储在标准 RAM 中，并根据每个元素去准备相应的 QPU 寄存器。但这个优点的反面就是向量状态编码的最大缺点：以这样一种传统的方式存储向量数据会妨碍我们利用 QPU 的非传统能力。为了利用 QPU 的能力，我们殷切地希望能够操纵叠加态的相对相位——当向量的所有元素实质上把 QPU 当作一组传统的二进制寄存器时，这是很难做到的！

因此，有必要试试量子方式。假设将向量的元素存储在**单个 QPU 寄存器**的叠加振幅中。由于具有 n 个量子比特的 QPU 寄存器可以处于具有 2^n 个振幅的叠加态中（这意味着在圆形表示法中有 2^n 个圆可用），因此我们可以想象在具有 $\mathrm{ceil}(\log(n))$ 个量子比特的 QPU 寄存器中对具有 n 个元素的向量进行编码。

对于方程式 9-1 中的示例向量，上述方法需要双量子比特寄存器——思路是找到适当的量子电路来对向量数据进行编码，如图 9-7 所示。

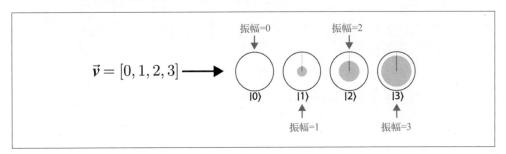

图 9-7：向量振幅编码的基本思路

我们称这种编码向量数据的独特量子方式为向量数据的**振幅编码**（amplitude encoding）。理解振幅编码和更普通的状态编码之间的区别非常重要。表 9-1 比较了这两种编码方式。状态编码的最后一个例子需要 4 个七量子比特寄存器，每个寄存器都使用 Q7.7 定点表示。

表9-1：对比向量数据的振幅编码与状态编码

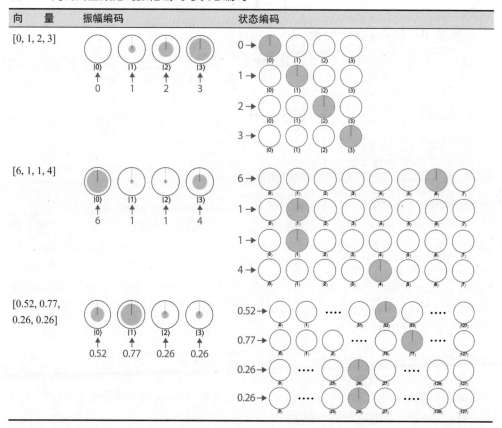

我们可以在 QCEngine 中使用函数 amplitude_encode() 快捷地生成振幅编码向量。示例 9-3 接受值向量和对 QPU 寄存器的引用（该寄存器必须具有足够的大小），并使寄存器的振幅可以编码值向量。

示例代码

请在 http://oreilly-qc.github.io?p=9-3 上运行本示例。

示例 9-3 在 QCEngine 中准备振幅编码向量

```
// 我们已确保输入向量的长度是2的幂
var vector = [-1.0, 1.0, 1.0, 5.0, 5.0, 6.0, 6.0, 6.0];
```

```
        // 创建合适大小的寄存器来对向量进行振幅编码
        var num_qubits = Math.log2(vector.length);
        qc.reset(num_qubits);
        var amp_enc_reg = qint.new(num_qubits, 'amp_enc_reg');

        // 在amp_enc_reg中生成振幅编码
        amplitude_encode(vector, amp_enc_reg);
```

在这个例子中，尽管已经声明了振幅编码依赖于 QRAM，但我们仍然简单地将向量作为存储在传统 RAM 中的 JavaScript 数组提供。当 QCEngine 只能访问笔记本计算机的 RAM 时，它如何才能实现振幅编码呢？虽然它能在没有 QRAM 的情况下生成振幅编码电路，但生成方式肯定不算高效。QCEngine 提供的访问 QRAM 的模拟虽然缓慢，但仍可用。

9.3.1 振幅编码的局限性

振幅编码看上去很好——与状态编码相比，它使用的量子比特更少，并提供了量子特征非常明显的一种方式来处理向量数据。然而，任何利用它的应用程序都需要注意两个重要事项。

注意事项 1：小心量子输出

你可能已经猜到了第一个限制：**量子叠加态通常是不可读的**。我们的老对手又来了！如果把一个向量的元素展开为量子叠加态，我们就不能再读出它们。当然，当我们从内存中将向量数据输入到某个 QPU 应用程序中时，这并不是什么大问题，反正我们应该知道所有的元素。但是，以振幅编码的向量数据作为输入的 QPU 应用程序通常也会产生振幅编码的向量数据作为输出。

因此，使用振幅编码对我们从应用程序读取输出的能力造成了严重的限制。不过幸运的是，我们往往仍然可以从振幅编码的输出中提取有用的信息。我们将在后文中看到，虽然无法知道单个元素的值，但仍然可以知道以这种方式编码的向量的全局属性。然而，使用振幅编码并不等于"天上掉馅饼"，我们需要谨慎和机智才能成功驾驭它。

 当你看到量子机器学习应用程序以惊人的速度解决一些传统的机器学习问题时，一定要检查它是否返回量子输出。量子输出（比如振幅编码的向量）限制了应用程序的使用，并需要额外说明来告知如何提取实际有用的结果。

注意事项 2：规范化向量的要求

振幅编码的第 2 个注意事项隐藏在表 9-1 中。请仔细观察表中前两个向量的振幅编码：[0，1，2，3] 和 [6，1，1，4]。双量子比特寄存器的振幅真的可以取值 [0，1，2，3] 或 [6，1，1，4] 吗？很遗憾，并不能。在前面的章节中，我们通常避免用数值讨论强度和相对相位，而采用更直观易懂的圆形表示法。虽然这样做更直观，但这限制了你接触到一个关于状态振幅的重要数值规则：**寄存器振幅的平方之和必须为 1**。只要回忆起一个寄存器中的强度平方是读出不同结果的概率时，就会知道这个被称为**规范化**的要求是有意义的。因为一个结果必然发生，所以这些概率，即每个振幅的平方之和必须为 1。圆形表示法太方便了，以至于我们很容易忘记规范化，但它限制了我们可以对哪些向量数据进行振幅编码。物理定律禁止我们创建值为 [0, 1, 2, 3] 或 [6, 1, 1, 4] 的叠加值的 QPU 寄存器。

为了对表 9-1 中的前两个向量进行振幅编码，我们首先需要对它们进行规范化，将每个元素除以所有元素的平方和。例如，为了对向量 [0, 1, 2, 3] 进行振幅编码，我们首先将每个元素都除以 3.74，得到一个规范化的向量 [0.00, 0.27, 0.53, 0.80]——它现在适合于在叠加的振幅中进行编码。

规范化向量数据会有什么负面影响吗？看起来我们完全改变了数据！其实，规范化保留了大部分重要信息的完整性。（从几何角度看，它重新调整了向量的长度，同时保持向量的方向不变。）规范化数据是否与真实的数据一样好，这取决于计划用到它的特定 QPU 应用程序的需求。当然，请记住，我们可以一直在另一个寄存器中跟踪规范化因子的数值。

9.3.2　振幅编码和圆形表示法

当我们开始更具体地思考寄存器振幅的数值时，需要注意振幅在圆形表示法中是如何表示的，并留意一个潜在的陷阱。圆形表示法中的填充区域表示的是量子态（可能是复数）振幅的强度的平方。在振幅编码的情况下，我们假定这些振幅为实值向量元素，这意味着填充区域由相关向量元素的平方决定，而并非简单地是向量元素本身。图 9-8 展示了应该如何用圆形表示法正确地解释规范化之后的向量 [0, 1, 2, 3]。

$$\vec{v} = [0, 1, 2, 3]$$

$$\longrightarrow [0.00, 0.27, 0.53, 0.80]$$

$|0\rangle$	$|1\rangle$	$|2\rangle$	$|3\rangle$
圆面积 = $(0.00)^2$	圆面积 = $(0.27)^2$	圆面积 = $(0.53)^2$	圆面积 = $(0.80)^2$

图 9-8：使用正确的规范化向量更正强度编码

当用圆形表示法估计振幅的数值时，不要忘记这一点：一个状态的强度的平方（所以这是实值情况下的振幅）决定了圆的已填充区域。注意计算平方！

现在你已经对振幅编码向量有了足够的了解，可以理解我们将介绍的 QPU 应用程序了。但是对于许多应用程序，特别是量子机器学习应用程序，我们需要更进一步，使用 QPU 不仅要操纵向量，还要操纵整个数据**矩阵**。我们应该如何编码二维数字数组呢？

尽管我们目前使用的示例向量包含的都是实值元素，但由于叠加态的相对相位的振幅通常为复数，因此需要注意，振幅编码可以很容易地表示 QPU 寄存器中的规范化复数向量。这就是振幅编码不被称为强度编码的原因。当然，我们可以利用叠加态的整个振幅对复数进行编码，不过本章不会这样做。

9.4 矩阵的编码

要对 $m \times n$ 矩阵进行编码，最显而易见的方法是使用 m 个 QPU 寄存器，每个寄存器的长度为 $\log_2(n)$，然后对矩阵的每一行进行振幅编码，就好像每一行都是向量一样。虽然这毫无疑问是将矩阵数据输入到 QPU 中的一种方法，但并不一定能很好地将数据表示为矩阵。举例来说，我们根本不清楚这种方法如何实现矩阵的基本运算（如转置），或与其他 QPU 寄存器中的振幅编码的向量进行矩阵乘法。

在 QPU 寄存器中对矩阵进行编码的最佳方法完全取决于我们在 QPU 应用程序中打算如何使用该矩阵，至少在写作本书时，已经有了几种常用的矩阵编码方法。

不过，我们对矩阵编码有一个普遍的要求。由于在数据向量上应用矩阵运算（乘法）十分常见，而且向量数据是被编码在 QPU 寄存器中的，因此将编码矩阵看作能够作用于保存了向量的寄存器的 QPU 运算是有意义的。以有用的方式将矩阵表示为 QPU 运算是一项困难的任务，而实现这一目标的每种现有的方法都有明显的优缺点。我们将集中讨论一种非常流行的方法，它被称为**量子模拟**（quantum simulation）。在开始探讨之前，让我们先明确它要实现的目标是什么。

9.4.1 QPU运算如何表示矩阵

QPU 运算正确地表示特定的数据矩阵，这到底是什么意思呢？假设我们想出了将这个矩阵可能作用的每一个向量编码在 QPU 寄存器中的方法（通过一些方法，如振幅编码）。如果作用在这些寄存器上的 QPU 运算导致输出寄存器精确地编码了我们期望作用于矩阵而给出的向量，那么我们肯定会相信 QPU 运算捕获了矩阵的行为。

在第 8 章介绍相位估计时，我们知道了 QPU 运算完全由其本征态和本征相位来表征。类似地，矩阵的特征分解完全可以表征该矩阵。因此，我们可以得出更简单的结论：一个 QPU 运算将忠实地表示一个数据矩阵，前提是二者都有相同的特征分解。这意味着 QPU 运算的本征态是原矩阵的特征向量（经过振幅编码），其本征相位与矩阵的特征值有关。如果是这种情况，我们就可以确信 QPU 运算实现了期望的矩阵作用于振幅编码的向量。

操纵或研究与矩阵具有相同特征分解的 QPU 运算使我们能可靠地回答有关编码矩阵的问题。

 特征分解（eigendecomposition）指的是矩阵的特征值和特征向量的集合。我们也可以把这个术语应用到 QPU 运算中，在这里指的是与该运算相关联的本征态和本征相位的集合。

假设我们确定某个 QPU 运算的特征分解与要编码的矩阵相同。这就是我们所需要的吗？差不多就是了。当要求将矩阵表示为 QPU 运算时，我们不仅仅需要对合适的 QPU 运算进行抽象的数学描述。实事求是地讲，我们想找到一个方法，它能说明如何根据第 2 章和第 3 章介绍的单量子比特运算和多量子比特运算来实际执行该 QPU 运算。此外，我们希望这个方法是高效的，也就是说，我们不需要太多这样的运算，它们会使操作矩阵数据的 QPU 应用程序慢得毫无用处。出于这个目的，我们来更具体地说明想要的是什么：

> 良好的矩阵表示是将矩阵与已通过基本的单量子比特运算和多量子比特运算高效实现的 QPU 运算相关联的过程。

对于某些类型的矩阵，量子模拟过程提供了良好的矩阵表示。

9.4.2　量子模拟

量子模拟实际上是对一类过程的统称，它指的是能够高效地找到表示**厄米矩阵**（Hermitian matrix）且可实现的 QPU 运算。

 厄米矩阵指的是 $H = H^{\dagger}$，其中 $H^{\dagger}$ 表示伴随矩阵。通过（可能是复数的）矩阵的转置和共轭复数，找到伴随矩阵。

如我们所愿，量子模拟技术提供具有与原始厄米矩阵相同的特征分解的 QPU 运算。执行量子模拟的大量方法中的每一种都能产生具有不同资源需求的电路，甚至可能对能够表示的矩阵类型施加不同的附加约束。然而，所有的量子模拟技术都要求编码矩阵至少是厄米矩阵。

但是，要求真实的数据矩阵是厄米矩阵，这不就使得量子模拟技术变得毫无用处了吗？还好，实践证明，这一要求并不像听起来那么严格。通过构造更大的 $2m \times 2n$ 厄米矩阵 H，可以实现对 $m \times n$ 非厄米矩阵 X 的编码，如下所示：

$$H = \begin{bmatrix} 0 & X \\ X^{+} & 0 \end{bmatrix}$$

其中，对角线上的两个 0 表示 $m \times n$ 的零值块。相对来说，创建更大的矩阵所带来的这种固定一次性额外开销通常是微不足道的。

接下来概述多种量子模拟技术所采用的通用的高级方法，并以一个特定的方法为例，给出更详细的信息。这将涉及与之前相比更多的数学知识，但是在处理矩阵时，只会用到相关的线性代数知识。

1. 基本思路

尽管依靠的是圆形表示法，但我们已经注意到，QPU 寄存器状态的完整量子力学描述是一个复数向量。实际上，QPU 运算的完整量子力学描述是一个矩阵。这可能使我们将矩阵编码为 QPU 运算的目标听起来很简单。如果说 QPU 运算在底层是由矩阵描述的，那么只需找到与要编码的数据相同的矩阵即可！遗憾的是，只有矩阵的一个子集对应于有效的（可构造的）QPU 运算。具体地说，有效的 QPU 运算由**幺正矩阵**描述。

 幺正矩阵 U 满足 $UU^{\dagger} = \mathbb{1}$，其中 $\mathbb{1}$ 是与 U 具有相同大小的单位矩阵（对角线上都是 1，其余元素都是 0）。QPU 运算需要用幺正矩阵来描述，这是因为这确保实现它们的电路是可逆的（第 5 章提到过这个需求）。

好消息是，给定一个厄米矩阵 H，我们能够通过指数运算构造相关的幺正矩阵 U，即 $U = \exp(-iHt)$。量子模拟技术利用了这一现象（这也是它们仅限于表示厄米矩阵的原因）。指数中出现的 t 是应用 QPU 运算 $U = \exp(-iHt)$ 的时间。考虑到最终目标，为简单起见，我们可以把 t 当作一个硬件实现细节，不去考虑它。

因此，量子模拟的任务是高效地提供一个执行 H 的指数运算的电路。

 虽然我们使用量子模拟来编码矩阵数据，但它之所以被称为量子模拟，是因为它主要用于模拟量子力学对象的行为（例如在分子模拟或材料模拟中）。当模拟量子力学对象时，一个特定的厄米矩阵（在物理学中称为哈密顿矩阵）在数学上描述要进行的模拟，QPU 运算 $\exp(-iHt)$ 预测量子力学对象如何随时间演化。这项技术在量子化学的 QPU 算法中得到了广泛的应用，详见 14.10 节。

对于特别简单的厄米矩阵 H，为其找到一组简单的 QPU 运算来实现 $\exp(-iHt)$ 相对容易。如果 H 只在对角线上有元素，或者只作用于极少量的量子比特，那么就很容易找到合适的电路。

然而，厄米矩阵不太符合上述两个简单的要求。量子模拟为我们提供了一种方法，可以将这些难以编码的矩阵分解成多个易于编码的矩阵。下文将概述这种方法的工作原理。尽管我们没有提供任何量子模拟算法的细节，但这些概述内容至少有助于说明量子模拟技术的重大局限性。

2. 工作原理

量子模拟的许多方法遵循相似的步骤。给定厄米矩阵 H，执行以下操作。

- **分解**。找到一种方法，把 H 分解成其他一些简单的厄米矩阵，即 $H = H_1 + \cdots + H_n$。我们更容易以前面提到的方式高效地模拟这些简单的矩阵。
- **模拟组件**。高效地为这些简单的组件矩阵找到量子电路（根据基本的 QPU 运算）。
- **重建**。根据组件的量子电路重建一个电路，从而实现完整的矩阵 H。

在以上操作中，最需要理清楚的两个步骤是：找到一种方法，将厄米矩阵分解为易于模拟的组件矩阵（步骤 1），并展示如何将这些组件的模拟拼凑成 H 的完整模拟（步骤 3）。量子模拟的各种方法在实现方式上有所不同。这里介绍一组方法，我们称之为**乘积公式法**（product formula method）。

实际上，步骤 3 最简单。因此，我们首先解释乘积公式法如何执行 H 的最终重建。下面进入正题。

3. 重建

假设我们确实找到了得出 $H = H_1 + \cdots + H_n$ 的方法，其中 H_1, …, H_n 是可以很容易找到 QPU 运算的厄米矩阵。这样一来，就可以通过一个叫作 **Lie 乘积公式**的数学关系式来重建 H 本身。这个公式能够通过在很短的时间 δt 内，执行如下所示的每个组件的 QPU 运算，来近似幺正矩阵 $U = \exp(-iHt)$：

$$U_1 = \exp(-iH_1\delta t), \cdots, U_n = \exp(-iH_n\delta t)$$

然后重复整个过程 m 次，如图 9-9 所示。

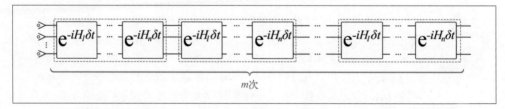

图 9-9：量子模拟通过重复模拟一系列更容易模拟的厄米矩阵来重建一个难以模拟的厄米矩阵

最重要的是，Lie 乘积公式表明，如果可以将 H 分解为具有高效电路的多个矩阵，那么我们也可以高效地近似 $U = \exp(-iHt)$。

4. 分解 H

在执行步骤 3 之前，应该如何将矩阵分解为易于模拟的组件矩阵呢？

各种量子模拟技术所用的乘积公式法以不同的方式执行这种分解。所有的方法在数学上都是相当复杂的，并且对 H 有不同的要求。例如，对于 H 是稀疏矩阵的情况（并且我们可以高效地访问稀疏的组件矩阵），一种方法将其看作图的邻接矩阵。通过求解图中的某个着色问题，识别出的不同颜色构成 H 的元素，成为易于模拟的 $H_1, \cdots, H_n$。

 这里所说的"图"是指数学意义上的图。图是包含一系列顶点的结构，这些顶点通过与它们有关的边相连。图的着色问题是将几个可用颜色与每个顶点相关联，规则是：如果两个顶点直接通过一条边连接，它们就不能共享同一颜色。分解厄米矩阵的方法与图着色问题的关系并不明显，这是由该问题的底层数学结构造成的。

5. 量子模拟的开销

通过大致介绍量子模拟的乘积公式法，我们希望你能对将矩阵数据表示为 QPU 运算的难度有所了解。前面提到过，还存在其他量子模拟方法，其中许多方法因电路较小或访问矩阵的频率更低而表现出更好的性能。表 9-2 比较了一些常用量子模拟技术的**运行时**（runtime）。这里的"运行时"指的是一个方法为模拟矩阵而需要的电路大小（电路大小指的是所需的基本 QPU 运算个数）。d 是衡量矩阵稀疏度的指标（每行非零元素的最大数量），ϵ 衡量所需的精度[1]。

表9-2：常用量子模拟技术的运行时

技 术	电路运行时
乘积公式法[2]	$O(d^4)$
量子游走	$O(d / \sqrt{\epsilon})$
量子信号处理[3]	$O\left(d + \dfrac{\log(1/\epsilon)}{\log\log(1/\epsilon)}\right)$

注 1：注意，这些运行时还依赖于一些其他重要的参数，比如我们可能使用的输入矩阵和量子模拟技术。为简单起见，我们在此排除了这些内容。

注 2：通过对该方法中使用的 Lie 乘积公式使用"高阶"近似，还可以略微改进乘积公式量子模拟技术的运行时。

注 3：从研究算法的角度来说，log 的底数并不重要。因此，这里不标注底数。——编者注

第10章

量子搜索

在第 6 章中，我们看到了振幅放大（AA）原语如何将寄存器的相位差转换为可检测的强度差。回想一下，在介绍 AA 原语时，我们假设应用程序将提供一个子例程来翻转 QPU 寄存器中的值的相位。举一个简单的例子，我们使用翻转电路作为占位符，它简单地翻转单个已知寄存器值的相位。本章将详细介绍几种相位翻转技术，它们基于与众不同的逻辑结果。

量子搜索（quantum search，QS）是一种特殊的技术，用于修改翻转子例程，以便通过 AA 原语从 QPU 寄存器中可靠地读取某类问题的解。换句话说，QS 实际上只是 AA 的一个应用，它提供一个非常重要的子例程[1]来标记寄存器相位中某类问题的解。

QS 能够解决的一类问题是反复求解子例程，其解要么为"是"，要么为"否"。这种解通常是传统布尔逻辑语句的输出[2]。这类问题的一个典型的应用场景是在数据库中搜索特定的值。简单地想象一下，有这样一个布尔函数，当且仅当输入是我们正在搜索的数据库元素时返回 1。它其实是量子搜索的典型应用，用到的算法就是著名的**格罗弗搜索算法**（Grover's search algorithm），以其发现者的名字命名。通过应用量子搜索技术，格罗弗搜索算法只通过 $O(\sqrt{N})$ 次查询就可以在数据库中找到一个元素，而传统算法通常需要 $O(N)$ 次查询。

然而，格罗弗搜索算法要求数据库是非结构化的，而这在实际应用中实属罕见，并且难以实现。

注 1：在文献中，根据某种逻辑函数翻转相位的函数被称为 oracle，其含义与在传统计算机科学中类似。我们在此选择了更容易理解的术语，但在第 14 章中会使用 oracle 一词。

注 2：我们将在本章末尾和第 14 章中更详细地了解这类问题。

尽管格罗弗搜索算法是最知名的量子搜索应用，但还有许多其他应用使用 QS 作为子例程来提高性能。这些应用的范围遍布从人工智能到软件验证的各个领域。

我们缺少的一块拼图是，如何利用 QS 找到在 QPU 寄存器相位中编码任意布尔语句输出的子例程（无论是将其用于格罗弗数据库搜索还是其他 QS 应用）。一旦知道如何做到这一点，AA 原语就会带我们走完剩下的路。为了了解如何构建这样的子例程，我们需要一套复杂的工具来操作 QPU 寄存器相位，这是我们称为**相位逻辑**（phase logic）的一系列技术。在本章的剩余部分，我们将概述相位逻辑，并展示 QS 如何使用它。在本章的最后，我们会总结将 QS 技术应用于各种传统问题的通用方法。

10.1　相位逻辑

第 5 章介绍了量子逻辑的一种形式，即一种执行逻辑函数的方法，其中的逻辑函数支持量子叠加态。不过，这些逻辑运算使用强度非零的寄存器值作为输入（例如 |2⟩ 或 |5⟩），并且将结果输出为寄存器值（可能在临时量子比特中）。

与之不同，量子搜索所需的量子相位逻辑应该在寄存器的相对相位中输出逻辑运算结果。

更具体地说，为了执行相位逻辑，我们要寻找这样的量子电路：它能够实现表示给定逻辑运算（例如 AND、OR 等）的量子相位逻辑。具体做法是为那些返回 1 的运算翻转寄存器值的相位。

以上定义的用处需要稍加解释。它的思路是赋予相位逻辑电路一个状态（可能是叠加态），电路翻转所有输入的相对相位，前提是输入满足它所表示的逻辑运算。如果输入状态**不是**叠加态，那么相位翻转仅相当于获得一个不可用的全局相位。但是，当使用叠加态时，电路将信息编码为相对相位，然后我们便可以使用 AA 原语来访问这些相对相位。

满足逻辑运算的输入通常是指输出为 1 的逻辑运算输入（既可以是一个逻辑运算，也可以是组成逻辑语句的一组逻辑运算）。用这个术语来说，相位逻辑翻转所有**满足**相关逻辑运算的 QPU 寄存器值的相位。

我们已经见过这样的相位操纵运算，也就是 PHASE 运算。PHASE 的作用如图 5-13 所示。当作用于单个量子比特时，它只是将量子比特的逻辑值写入它的相位（也就是说，仅在输出为 1 时翻转 |1⟩ 值的相位）。到目前为止，尽管我们只是简单地将 PHASE 看作旋转量子比特相对相位的工具，但它满足了量子相位逻辑的定义，我们也可以将其解释为基于相位的逻辑运算。

了解二进制逻辑和相位逻辑之间的区别对于理解和避免可能带来的混淆很重要。以下是总结。

传统二进制逻辑

对输入应用逻辑门，产生输出。

量子强度逻辑

将逻辑门应用于叠加态输入，产生叠加态输出。

量子相位逻辑

将输出为 1 的每个输入值的相位翻转。当寄存器处于叠加态时，此操作也起作用。

通过一些用圆形表示法表示的例子，也许更容易理解相位逻辑的作用。图 10-1 展示了 OR、NOR、XOR、AND 和 NAND 的相位逻辑运算如何影响双量子比特寄存器的均匀叠加值。

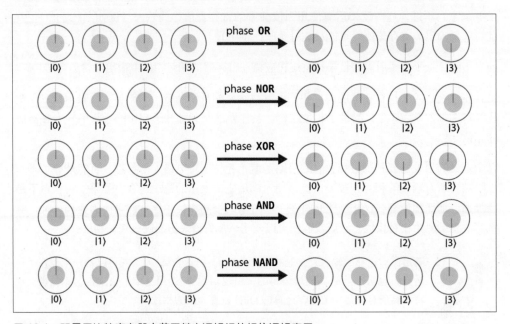

图 10-1：双量子比特寄存器中若干基本逻辑门的相位逻辑表示

在图 10-1 中，我们选择突出展示这些相位逻辑运算对寄存器叠加值的作用，但是无论寄存器包含叠加值还是单个值，逻辑门都有效。例如，传统的二进制逻辑运算 XOR 为输入 10 和 01 输出值 1。你可以在图 10-1 中看到，只有 |1⟩ 和 |2⟩ 的相位被翻转了。

相位逻辑与任何一种传统逻辑都有本质的不同，逻辑运算的结果隐藏在不可读的相位中。但它的优点是，通过翻转叠加值的相位，我们可以在一个寄存器中标记多个解！此外，虽然处于叠加态的解通常无法获取，但我们已经知道，使用相位逻辑作为振幅放大中的翻转子例程，可以产生可读的结果。

10.1.1 构建基本的相位逻辑运算

既然我们知道希望相位逻辑电路实现什么，那么应该如何实际地通过基本的 QPU 运算构建相位逻辑门呢？举例来说，应该如何构建图 10-1 中的相位逻辑门？

图 10-2 展示了实现一些基本相位逻辑运算的电路。如第 5 章所述，其中的一些使用了额外的临时量子比特。在相位逻辑的场景中，任何临时量子比特都将始终在状态 |–) 下初始化[3]。需要注意的是，由于这个临时量子比特不会与输入寄存器纠缠，因此不必**反计算**整个相位逻辑门。临时量子比特使用第 3 章介绍的相位反冲技巧实现了相位逻辑门。

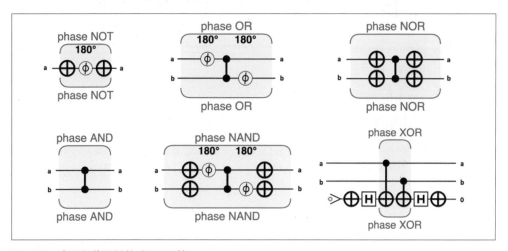

图 10-2：实现相位逻辑的 QPU 运算

 务必记住，这些相位逻辑实现的输入值被编码在 QPU 寄存器的状态中（例如 |2) 态或 |5) 态），但输出值被编码在相对相位中。不要因为"相位逻辑"这个名称而误以为这些实现将相位值作为输入！

10.1.2 构建复杂的相位逻辑语句

我们希望利用 QS 将许多基本的逻辑运算连接在一起。如何为这种复合的相位逻辑语句找到量子电路呢？我们已经注意到，图 10-2 中的实现可以输出相位，但需要输入是强度值。因此，不能简单地将这些基本的相位逻辑运算连接起来形成更复杂的语句——它们的输入和输出是不兼容的。

还好有一个技巧可以解决这个问题：我们用相位逻辑来实现完整的语句，并用基于强度的量子逻辑来执行语句中除最后一个基本逻辑运算之外的所有运算，就像我们在第 5 章看到

注 3：例如，图 10-2 中的相位逻辑运算 XOR 使用了一个临时量子比特，这个临时量子比特是使用 NOT 和 HAD 在 |–) 态下初始化的。

的那样。这将输出该语句倒数第 2 个运算的结果，该结果被编码在 QPU 寄存器的强度中。然后，我们将其输入到语句中最后剩下的相位逻辑运算（使用图 10-2 中的一个电路）。搞定！整条语句的最终输出被编码在相位里。

下面来看一下这个技巧的实际应用。假设我们要计算相位逻辑语句 (a OR NOT b) AND c（涉及 3 个布尔变量 a、b 和 c）。这条语句的传统逻辑门如图 10-3 所示。

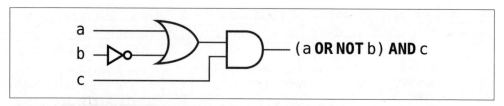

图 10-3：用传统逻辑门表示的示例语句

至于这条语句的相位逻辑表示，我们希望它结束于一个均匀叠加的 QPU 寄存器，并翻转满足该语句的所有输入值的相位。

我们打算对语句的 (a OR NOT b) 部分（除最后一个运算之外）使用基于强度的量子逻辑运算，然后使用一个相位逻辑电路将这个结果与 c 进行 AND 运算，由此产生语句在寄存器相位中的最终输出。图 10-4 中的电路显示了 QPU 运算的结构 [4]。

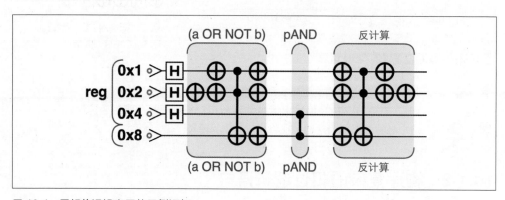

图 10-4：用相位逻辑表示的示例语句

注意，我们还需要为二进制值的逻辑运算准备一个临时量子比特。首先将 (a OR NOT b) 的结果写入临时量子比特，然后在这个量子比特和量子比特 c 之间执行相位逻辑和运算，即图中的 pAND。最后，对这个临时量子比特进行反计算，将其返回到初始、未纠缠的 |0⟩ 态。

注 4：请注意，此电路存在一些冗余运算（例如取消的 NOT）。这么做是为了更清晰。

示例代码

请在 http://oreilly-qc.github.io?p=10-1 上运行本示例。

示例 10-1 相位逻辑编码示例

```
qc.reset(4);
var reg = qint.new(4, 'reg');

qc.write(0);
reg.hadamard();

// (a OR NOT b)
qc.not(2);
bit_or(1,2,8);

// pAND
phase_and(4|8);

// 反计算
inv_bit_or(1,2,8);
qc.not(2);

// 逻辑定义

// 二进制逻辑或，使用辅助量子作为输出
function bit_or(q1,q2,out) {
    qc.not(q1|q2);
    qc.cnot(out,q1|q2);
    qc.not(q1|q2|out);
}

// 逆二进制逻辑或（反计算）
function inv_bit_or(q1,q2,out) {
    qc.not(q1|q2|out);
    qc.cnot(out,q1|q2);
    qc.not(q1|q2);
}

// 相位逻辑和（pAND）
function phase_and(qubits) {
    qc.cz(qubits);
}
```

运行这段示例代码，你会看到电路翻转值 |4⟩、|5⟩ 和 |7⟩ 的相位，如图 10-5 所示。

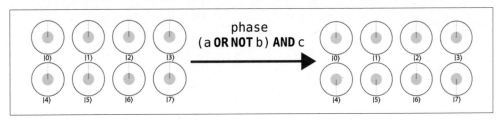

图 10-5：状态转换

这些状态分别对逻辑赋值语句 (a=0, b=0, c=1)、(a=1, b=0, c=1) 和 (a=1, b=1, c=1) 进行编码，只有它们是满足图 10-3 所示的原始布尔语句的逻辑输入。

10.2　解决逻辑谜题

至此，我们知道了如何标记满足布尔语句的值的相位。利用新掌握的能力，我们可以使用 AA 原语来解决**布尔可满足性问题**，即判断输入值是否满足给定的布尔语句。这正是我们通过相位逻辑所学到的！

布尔可满足性是计算机科学中的一个重要问题[5]，它被应用于模型检测、人工智能规划和软件验证等场景。为了理解这个问题（以及如何解决它），我们将看一看 QPU 如何帮助我们解决一个没什么经济效益却很有趣的布尔可满足性问题：逻辑谜题！

小猫和老虎

在一座很远很远的岛上，曾经住着一位公主，她非常想要一只小猫作为她的生日礼物。公主的父亲——国王——虽然不反对她的想法，但他想知道女儿对于养宠物的决定是否是认真的。因此，他在女儿过生日时给她出了一道谜题，如图 10-6 所示[6]。

图 10-6：生日谜题

在她生日的那一天，公主收到了两个盒子，但她最多只能打开其中一个。每个盒子装的既可能是她梦寐以求的小猫，也可能是一只凶猛的老虎。还好盒子上贴有文字如下的标签。

盒子 A 上的标签
　　至少有一个盒子里有一只小猫。

盒子 B 上的标签
　　另一个盒子里有一只老虎。

注 5：布尔可满足性是第一个被证明为 NP 完全问题。N-SAT 是包含 N 个字面量布尔语句子句的布尔可满足性问题，当 N>2 时是 NP 完全的。第 14 章会提供更多关于基本计算复杂度的信息，还会推荐用于深入理解的参考资料。

注 6：改编自 Raymond Smullyan 所著的 *The Lady or the Tiger?* 中的一个逻辑谜题。

"很简单！"公主想了想，很快就把答案告诉了她的父亲。

"有个需要留意的情况，"国王补充道，他知道这么简单的谜题对女儿来说太容易了，"盒子上的标签要么都是真的，要么都是假的。"

"哦，"公主说。稍作停顿后，她跑到自己的工作间，迅速接通了一个电路。过了一会儿，她带着一个给她父亲看的装置回来了。电路有两个输入，如图 10-7 所示。

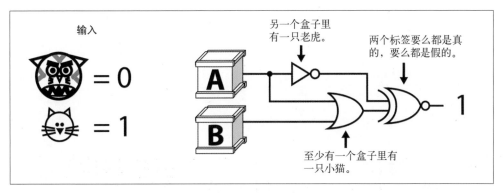

图 10-7："小猫和老虎"问题的数字解决方案

"我把电路设置成 0 表示老虎，1 表示小猫，"公主骄傲地介绍道，"如果为每个盒子中的内容设置一种可能性，那么只有当可能性满足所有条件时，才能获得值为 1 的输出。"

公主在她的电路中为 3 个条件中的每一个（两个盒子上的标签加上她父亲附加的规则）都设置了一个逻辑门。

- 对于盒子 A 上的标签，她使用了或门，表示只有在盒子 A 或盒子 B 装有小猫时，才满足此约束条件。
- 对于盒子 B 上的标签，她使用了非门，表示只有在盒子 A 中没有小猫时，才满足此约束条件。
- 对于她父亲附加的规则，她在末尾添加了一个同或门，表示只有当另外两个门的结果彼此相同时（都是真的或都是假的），才能满足此约束条件（输出为真）。

公主说："这就行了。现在我只需要针对小猫和老虎的 4 种可能配置中的每一种都运行该电路，找到哪一种配置满足所有约束条件，就知道要打开哪个盒子了。"

"呃哼。"国王回应道。

公主转了转眼睛，问道："爸爸，现在怎么办？"

"还有一个规则……你只能运行设备一次。"

"哦，"公主说。这是一个真正的问题。只运行一次设备意味着她需要猜测应该测试哪个输入配置，而且返回决定性答案的可能性不大。她有 25% 的概率猜测正确，但如果失败，那么她的电路将输出 0。那时，她就需要随机选择一个盒子，并祈求结果是理想的。考虑到所有这些猜测，她很可能会被老虎吃掉。不，传统的数字逻辑完不成这个任务。

幸运的是，公主最近读了一本关于量子计算的书（没错，正是本书）。于是，她高兴地咯咯笑着，再次冲向她的工作间。几小时后，她回来了，并带回了她构建的新设备。这个新设备比之前的稍大一些。她打开它，通过一个安全终端登录，运行程序，并欢呼胜利。她跑向正确的盒子，把它打开，高兴地抱着小猫。

刷脸

示例 10-2 是公主使用的 QPU 程序，电路如图 10-8 所示。图中还显示了相位逻辑的 QPU 电路的每个部分最终实现的传统逻辑门。让我们检查一下它是否有效！

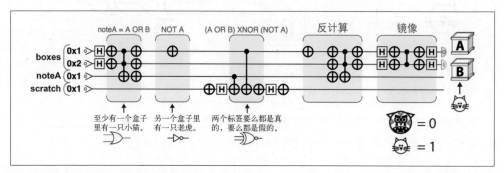

图 10-8：逻辑谜题：小猫还是老虎？

示例代码

请在 http://oreilly-qc.github.io?p=10-2 上运行本示例。

示例 10-2　小猫和老虎

```
qc.reset(4);
var boxes = qint.new(2, 'boxes');
var noteA = qint.new(1, 'noteA');
var anc = qint.new(1,'scratch');
qc.write(0);

// 将两个盒子置于小猫/老虎的叠加态
boxes.hadamard();

// 使用二进制逻辑满足盒子A标签上的条件
// noteA = A OR B
qc.not(0x1|0x2);
qc.cnot(0x4,0x1|0x2);
qc.not(0x1|0x2|0x4);
```

```
// 使用二进制逻辑满足盒子B标签上的条件
// NOT A
qc.not(0x1);

// 将相位逻辑临时量子比特置于|+)态
anc.not();
anc.hadamard();

// 用相位逻辑满足最终条件
// (A OR B) XNOR (NOT A)
qc.cnot(0x8,0x4);
qc.cnot(0x8,0x1);
qc.not(0x8);

// 将临时量子比特恢复为|0)
anc.hadamard();
anc.not();

// 反计算所有二进制逻辑
qc.not(0x1);
qc.nop();
qc.not(0x1|0x2|0x4);
qc.cnot(0x4,0x1|0x2);
qc.not(0x1|0x2);

// 使用镜像转换翻转的相位
boxes.Grover();

// 读取并解释结果
var result = boxes.read();
var catA = result & 1 ? 'kitten' : 'tiger';
var catB = result & 2 ? 'kitten' : 'tiger';
qc.print('Box A contains a ' + catA + '\n');
qc.print('Box B contains a ' + catB + '\n');
```

仅运行一次示例 10-2 中的 QPU 程序，就可以解开这个谜题！如同在示例 10-1 中所做的那样，在最后的运算之前使用强度逻辑，在最后的运算中使用相位逻辑。电路输出清楚地显示（概率为 100%），如果公主想要一只小猫，那么她应该打开盒子 B。在 AA 迭代中，相位逻辑子例程取代了翻转子例程，我们使用最初在示例 6-1 中定义的镜像子例程来跟踪它们。

如第 6 章所述，应用完整 AA 迭代的次数将取决于所涉及的量子比特的数量。幸运的是，本例只需要应用一次！更幸运的是，谜题**有解**，即某个输入集的确满足布尔语句。我们很快就会看到，如果没有解会是什么情况。

请注意微妙之处：对于相位相对于其他值发生了翻转的值，镜像子例程会增加其强度。这并不一定意味着，对于这个特定的状态，相位必须为负；而对于其他的状态，相位必须为正，只要它相对于其他状态是翻转的。在这种情况下，其中一个选项是正确的（并且相位为正），其他选项是错误的（相位为负）。但是算法同样有效！

10.3　求解布尔可满足性问题的一般方法

当然，公主的谜题是布尔可满足性问题应用于猫科动物的一个特例。我们用来解决这个谜题的方法可以很好地推广到其他使用 QPU 解决布尔可满足性问题的场景，步骤如下。

1. 将布尔语句从可满足性问题转换为必须同时满足的多个子句的形式（该语句是多个独立子句的 AND 结果）[7]。
2. 使用强度逻辑表示每个单独的子句，不过这样做将需要一些临时量子比特。根据经验，由于大多数量子比特将涉及多个子句，因此每个逻辑子句有一个临时量子比特是很有用的。
3. 将整个 QPU 寄存器（包含用于表示语句所有输入变量的量子比特）初始化为均匀叠加态（使用 HAD），并将所有临时寄存器初始化为 |0) 态。
4. 使用图 5-25 给出的强度逻辑方法来逐个构建每个子句中的逻辑门，并将每个逻辑子句的输出值存储于一个临时量子比特中。
5. 一旦实现了所有子句，就在所有临时量子比特之间执行相位逻辑 AND 运算，以组合不同的子句。
6. 反计算所有的强度逻辑运算，将临时量子比特恢复为它们的初始状态。
7. 在编码了输入变量的 QPU 寄存器上执行镜像子例程。
8. 根据振幅放大方程式（方程式 6-2），重复上述步骤，重复次数按需确定。
9. 通过读取 QPU 寄存器来获取最终的振幅放大结果。

接下来，我们给出两个应用此方法的示例，其中第二个示例将展示当试图满足的语句实际上无法满足时（没有输入组合可以产生输出 1），这个方法将如何起作用。

10.3.1　实践：一个可满足的3-SAT问题

思考下面这个 3-SAT 问题：

> (a OR b) AND (NOT a OR c) AND (NOT b OR NOT c) AND (a OR c)

我们的目标是找出布尔输入 a、b、c 的任意组合能否从该语句产生输出 1。好在该语句已经由 AND 将多个子句连接起来了。（太巧了！）让我们遵循前面列出的步骤。我们将使用七量子比特 QPU 寄存器——用 3 个量子比特表示变量 a、b、c，用 4 个临时量子比特表示每个逻辑子句。然后，我们继续在强度逻辑中实现每个逻辑子句，将每个子句的输出写入临时量子比特。完成这项工作后，我们在临时量子比特之间执行相位逻辑运算，然后反计算每个强度逻辑运算。最后，我们将镜像子例程应用于七量子比特 QPU 寄存器，完成第一次 AA 迭代。可以用示例 10-3 中的代码实现这个解决方案，电路图如图 10-9 所示。

注 7：这种形式是最理想的，因为相位逻辑中最后组合所有语句的 pAND 可以用一个 CPHASE 实现，而无须额外的临时量子比特。不过，其他形式可以通过细心制备的临时量子比特来实现。

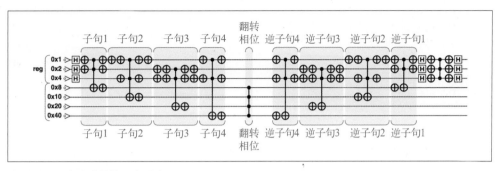

图 10-9：一个可满足的 3-SAT 问题

示例 10-3　一个可满足的 3-SAT 问题

```
var num_qubits = 3;
var num_ancilla = 4;

qc.reset(num_qubits+num_ancilla);
var reg = qint.new(num_qubits, 'reg');
qc.write(0);

reg.hadamard();

// 子句1
bit_or(0x1,0x2,0x8);

// 子句2
qc.not(0x1);
bit_or(0x1,0x4,0x10);
qc.not(0x1);

// 子句3
qc.not(0x2|0x4);
bit_or(0x2,0x4,0x20);
qc.not(0x2|0x4);

// 子句4
bit_or(0x1,0x4,0x40);

// 翻转相位
phase_and(0x8|0x10|0x20|0x40);

// 逆子句4
inv_bit_or(0x1,0x4,0x40);

// 逆子句3
qc.not(0x2|0x4);
```

```
inv_bit_or(0x2,0x4,0x20);
qc.not(0x2|0x4);

// 逆子句2
qc.not(0x1);
inv_bit_or(0x1,0x4,0x10);
qc.not(0x1);

// 逆子句1
inv_bit_or(0x1,0x2,0x8);

reg.Grover();

//////////// 定义
// 定义比特或（bit OR）及其逆运算
function bit_or(q1, q2, out)
{
    qc.not(q1|q2);
    qc.cnot(out,q1|q2);
    qc.not(q1|q2|out);
}

function inv_bit_or(q1, q2, out)
{
    qc.not(q1|q2|out);
    qc.cnot(out,q1|q2);
    qc.not(q1|q2);
}

// 定义相位与（phase AND）
function phase_and(qubits)
{
    qc.cz(qubits);
}
```

使用圆形表示法跟踪表示 a、b 和 c 的 3 个量子比特的情况，结果如图 10-10 所示。

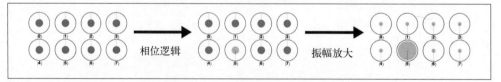

图 10-10：用圆形表示法表示可满足的 3-SAT 问题在一次迭代后的结果

结果表示，本例中的布尔语句可以由值 a=1、b=0 和 c=1 来满足。

在本例中，我们找到了一组满足布尔语句的输入值。当没有解时又会如何呢？像布尔可满足性这样的 NP 问题有一个特点对我们来说是有利的：尽管找到一个解在计算上是昂贵的，但是检查一个解是否正确在计算上是廉价的。如果问题无法得到解决，那么镜像运算既不会导致寄存器中的任何相位发生翻转，也不会导致强度发生改变。由于我们从所有值的相等叠加态开始计算，因此最终的读取操作将随机从寄存器中得到一个值。我们只需要检查它是否满足逻辑语句。如果不满足，就可以确信该语句是不可满足的。接下来探讨不满足的情况。

10.3.2　实践：一个不可满足的3-SAT问题

现在让我们来看一个不可满足的 3-SAT 问题：

(a OR b) AND (NOT a OR c) AND (NOT b OR NOT c) AND (a OR c) AND b

已知这是不可满足的，也就是说，变量 a、b 和 c 的任意赋值都不能产生输出 1。下面通过运行示例 10-4 中的 QPU 程序来确认这一点。我们遵循与前一示例相同的步骤，电路图如图 10-11 所示。

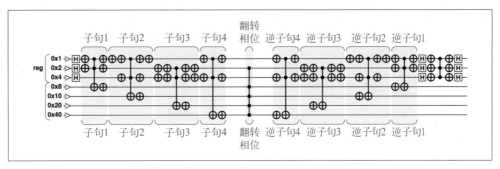

图 10-11：一个不可满足的 3-SAT 问题

示例代码

请在 http://oreilly-qc.github.io?p=10-4 上运行本示例。

示例 10-4　一个不可满足的 3-SAT 问题

```
// 3-SAT，不可满足
var num_qubits = 3;
var num_ancilla = 4;

qc.reset(num_qubits+num_ancilla);
var reg = qint.new(num_qubits, 'reg');
qc.write(0);

reg.hadamard();

// 子句1
bit_or(0x1,0x2,0x8);

// 子句2
qc.not(0x1);
```

```
    bit_or(0x1,0x4,0x10);
    qc.not(0x1);

    // 子句3
    qc.not(0x2|0x4);
    bit_or(0x2,0x4,0x20);
    qc.not(0x2|0x4);

    // 子句4
    bit_or(0x1,0x4,0x40);

    // 翻转相位
    phase_and(0x2|0x8|0x10|0x20|0x40);

    // 逆子句4
    inv_bit_or(0x1,0x4,0x40);

    // 逆子句3
    qc.not(0x2|0x4);
    inv_bit_or(0x2,0x4,0x20);
    qc.not(0x2|0x4);

    // 逆子句2
    qc.not(0x1);
    inv_bit_or(0x1,0x4,0x10);
    qc.not(0x1);

    // 逆子句1
    inv_bit_or(0x1,0x2,0x8);

    reg.Grover();

    ///////////// 定义
    // 定义比特或（bit OR）及其逆运算
    function bit_or(q1, q2, out) {
        qc.not(q1|q2);
        qc.cnot(out,q1|q2);
        qc.not(q1|q2|out);
    }

    function inv_bit_or(q1, q2, out) {
        qc.not(q1|q2|out);
        qc.cnot(out,q1|q2);
        qc.not(q1|q2);
    }

    // 定义相位与（phase AND）
    function phase_and(qubits) {
        qc.cz(qubits);
    }
```

到目前为止，情况不错！图 10-12 展示编码了输入值 a、b、c 的 3 个量子比特在整个计算过程中是如何被转换的。注意，我们只考虑一次 AA 迭代，因为在一次 AA 迭代之后就能明显地看到它是否有效果。

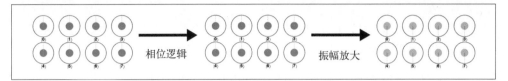

图 10-12：用圆形表示法表示不可满足的 3-SAT 问题

如图 10-12 所示，没有任何效果！因为寄存器的 8 个可能值都不满足逻辑语句，所以没有相位相对于任何其他值翻转。因此，AA 迭代的镜像部分同样影响所有值。无论执行多少次 AA 迭代，当读取这 3 个量子比特时，我们都将完全随机地获得 8 个值中的一个。

在读取操作中可能获得任意值，这一点使我们看起来似乎没有任何收获，但是无论读取的是 a、b 和 c 的哪种组合，我们都可以尝试将它们输入到逻辑语句中。如果得到的结果是 0，那么我们可以大胆地得出结论：该逻辑语句是不可满足的（否则我们会得到满足逻辑语句的值）。

10.4 加速传统算法

振幅放大的一个显著的特点是，在某些情况下，它不仅可以加速暴力破解算法，也可以对最好的传统算法实现提供二次加速。

振幅放大可以加速带有**单边错误**（one-sided error）的算法。这些算法用来解决某些决策问题，其中包含输出答案为"是"或"否"的子例程。如果问题的答案是"否"，则算法始终输出"否"；如果问题的答案是"是"，则算法以概率 p（$p>0$）输出答案"是"。在前面的 3-SAT 示例问题中，我们已经看到，算法只有在找到一个可满足的值时才给出"是"的答案（方程式是可满足的）。

为了找到具有目标概率的解，传统算法必须重复其概率子例程若干次。如果算法的运行时为 $O(k^n poly(n))$，则重复 k 次。为了以量子方式加速，只需用振幅放大步骤替换重复的概率子例程即可。

任何包含概率子例程的传统算法都可以与振幅放大相结合，从而实现加速。以求解 3-SAT 示例问题为例，原始方法的运行时为 $O(1.414^n poly(n))$，而最好的传统算法运行得更快，为 $O(1.329^n poly(n))$。然而，通过将这一传统算法与振幅放大相结合，我们可以实现 $O(1.153^n poly(n))$ 的运行时！

还有许多其他的算法可以通过这项技术加速，举例如下。

元素唯一性

给定作用于寄存器的函数 f，该算法可以判断寄存器中是否存在不同的元素 i 和 j，使得 $f(i) = f(j)$。该算法可用于在图中寻找三角形或计算矩阵乘积。

求全局极小值

给定一个整数值函数，让其作用于有 N 项的一个寄存器，该算法可以求出寄存器的索引 i，使得 $f(i)$ 的值最小。

第 14 章将提供一个参考列表，你可以在其中找到很多这样的算法。

第11章

量子超采样

从基于像素的冒险游戏到逼真的电影效果，计算机图形学一直处于创新前沿。**量子图像处理**（quantum image processing，QIP）采用 QPU 来增强图像处理能力。尽管还处于非常早期的阶段，但 QIP 技术已经出现了一些令人兴奋的用例。这些用例展现了 QPU 如何影响计算机图形学领域。

11.1 QPU能为计算机图形学做什么

本章将探讨一个特殊的 QIP 用例——**量子超采样**（quantum supersampling，QSS）。如图 11-1 所示，QSS 利用 QPU 对计算机图形学中的超采样任务进行了有趣的改进。超采样是一种传统的计算机图形学技术，它通过对像素进行选择性采样，将计算机以高分辨率生成的图像压缩为低分辨率图像。在根据计算机生成的图像生成可用输出图形的过程中，超采样是重要的一步。

QSS 最初是作为使用 QPU **加速**超采样的一种方法而开发的，不过以这个目标来衡量，它失败了。然而，对结果的数值分析揭示了一些有趣的事情。虽然 QSS 的最终图像质量（以像素误差衡量）与现有的传统方法差不多，但输出图像具有不同的优点。

图 11-1 显示，传统采样图像和 QSS 采样图像中的平均像素噪声[1] 大致相同，但噪声的特征非常不同。在传统采样图像中，每个像素点都有一些噪声。在 QSS 采样图像中，一些像素的噪声很大（黑白斑点），而其他像素则是完美的。

注 1：像素噪声是指采样结果和理想结果之间的差异。

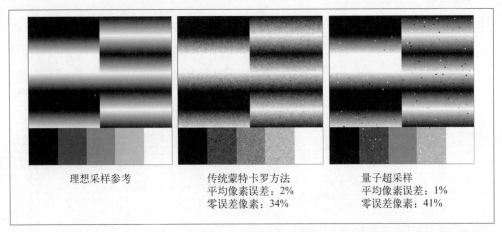

理想采样参考

传统蒙特卡罗方法
平均像素误差：2%
零误差像素：34%

量子超采样
平均像素误差：1%
零误差像素：41%

图 11-1：QSS 的结果与理想结果和传统算法结果对比。这些结果揭示了被采样图像中的噪声特性变化

假设你需要在 15 分钟内手动去除一幅图像中的可见噪声。对于 QSS 采样图像，任务相当简单；而对于传统采样图像，这个任务几乎是不可能完成的。

QSS 组合了一系列 QPU 原语：第 5 章的量子算术、第 6 章的振幅放大和第 7 章的量子傅里叶变换。为了了解如何利用这些原语，我们首先需要了解更多关于超采样技术的背景知识。

11.2　传统超采样

光线跟踪（ray tracing）是一种由计算机生成图像的技术，它使用更多的计算资源来生成质量更高的图像。图 11-2 展示了如何利用光线跟踪技术根据场景生成图像。

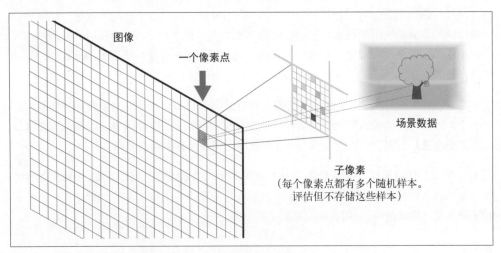

图 11-2：光线跟踪为最终图像的每个像素点都采集多个样本

对于最终图像中的每一个像素点，一条"数学光线"透过该像素投射到三维空间中，并朝着计算机产生的场景照去。光线照射场景中的对象，在最简单的场景中（忽略反射和透明度），对象的颜色决定图像中相应像素的颜色。

虽然从每个像素点仅投射一条光线就可以正确地生成图像，但会丢失细节信息，比如图11-2 中的细枝末节。此外，当摄像头或对象移动时，会在诸如树叶和栅栏这样的对象上出现恼人的噪声图案。

为了解决上述问题，又不会使图像过大，光线跟踪软件会在每个像素点上投射多条光线（通常是成百上千条），每条光线的方向都稍有不同。光线跟踪软件只保留平均色，其余的细节会被丢弃。这个过程称为**超采样**或**蒙特卡罗采样**。采样次数越多，最终图像中的噪声就越少。

超采样是并行处理任务（计算与场景交互的多条光线的结果），但最终需要的只是结果的总和，而不是单个结果本身。这听上去似乎正是 QPU 的用武之地！基于 QPU 的一个完整的光线跟踪引擎所需的量子比特比目前可用的要多得多。但是，为了演示 QSS，我们可以通过不那么复杂的方法（不涉及光线跟踪），来使用 QPU 绘制更高分辨率的图像，从而研究 QPU 如何影响最终降低分辨率的超采样步骤。

11.3　实践：计算相位编码图像

要使用 QPU 进行超采样，我们需要一种在 QPU 寄存器中表示图像的方法（它不像完整的光线跟踪方法那样复杂）。

要在 QPU 寄存器中表示像素图像，有许多互不相同的方法，本章最后将总结量子图像处理文献中的一些方法。不过，本节将使用一种被称为**相位编码**的表示法，其中像素值被表示在叠加态的相位中。重要的是，这使得图像信息与第 6 章介绍的振幅放大技术兼容。

将图像编码在叠加态的相位中，这种做法对我们来说并不完全陌生。在第 4 章的末尾，我们使用了一个八量子比特寄存器对一幅古怪的苍蝇图像进行相位编码[2]，如图 11-3 所示。

注 2：要查看完整代码，请访问 http://oreilly-qc.github.io?p=4-2。除了相位逻辑，我们还用了第 6 章中的镜像子例程，以便更容易查看苍蝇图像。

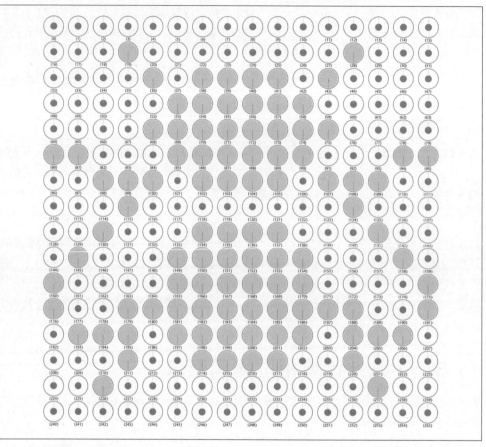

图 11-3：这不是一只苍蝇[3]

在本章中，我们将学习如何创建图 11-3 所示的相位编码图像，并使用它们演示 QSS。

11.3.1　QPU像素着色器

像素着色器（pixel shader）是通常在 GPU 上运行的程序，它以 x 坐标和 y 坐标作为输入，并以颜色作为输出（在本例中为黑色或白色）。为了便于演示 QSS，我们将构造一个量子像素着色器。

示例 11-1 初始化两个四量子比特寄存器 qx 和 qy。它们将分别被用作着色器的输入值 x 和 y。如同我们在前几章中看到的，对所有量子比特执行 HAD 会生成所有可能值的均匀叠加态，如图 11-4 所示。这是我们的空白画布。

注 3：在名画《图像的背叛》中，画家马格利特在绘有烟斗的画中用文字强调："这不是一只烟斗。"类似地，这幅由相位编码的苍蝇图像并不是一只苍蝇的完整量子态。

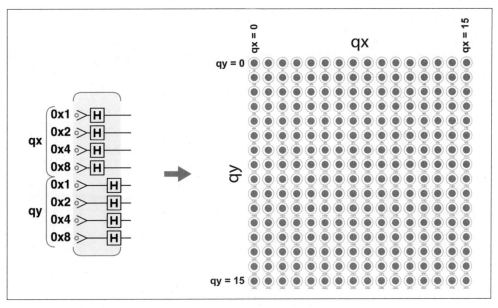

图 11-4：空白量子画布

11.3.2　使用PHASE画图

现在我们可以画图了。找到简洁的方法来绘制寄存器相位本身可能既复杂又困难，但我们可以从填充画布的右半部分开始，只需执行"如果 qx>=8，则翻转相位"这一操作即可。这可以通过将 PHASE(180) 应用于一个量子比特来完成，如图 11-5 所示。

```
// 设置空白画布
qc.reset(8);
var qx = qint.new(4, 'qx');
var qy = qint.new(4, 'qy');
qc.write(0);
qx.hadamard();
qy.hadamard();

// 如果qx>=8，就翻转相位
qc.phase(180, qx.bits(0x8));
```

在某种意义上，我们只使用了一条 QPU 指令就填充了 128 像素。在 GPU 上，这需要像素着色器运行 128 次。我们非常清楚 QPU 方式的问题所在：如果试图读取结果，那么只能得到 qx 和 qy 的随机值。

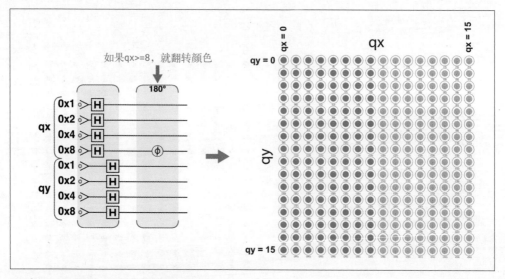

图 11-5：对图像的右半部分进行相位翻转

再加一些逻辑，我们就可以用 50% 灰色抖动模式 [4] 填充一个正方形。为此，我们要翻转 qx 和 qy 中所有大于或等于 8 并且 qx 的低位量子比特不等于 qy 的低位量子比特的像素。示例 11-1 给出了代码，效果如图 11-6 所示。

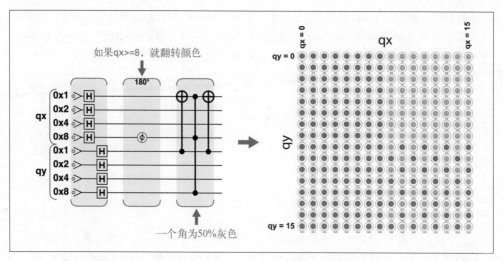

图 11-6：添加抖动模式

注 4：抖动（dithering）是将规则图案应用于图像的过程，通常是通过视觉上"混合"有限的调色板来近似原本无法获得的颜色。

示例 11-1　绘制基础图案

```
// 清空画布
qc.reset(8);
var qx = qint.new(4, 'qx');
var qy = qint.new(4, 'qy');
qc.write(0);
qx.hadamard();
qy.hadamard();

// 如果qx>=8，就翻转
qc.phase(180, qx.bits(0x8));

// 此角为50%灰色
qx.cnot(qy, 0x1);
qc.cphase(180, qy.bits(0x8, qx.bits(0x8|0x1)));
qx.cnot(qy, 0x1);
```

借助第 5 章中的算术，我们可以创建更多有趣的图案，如图 11-7 所示。

```
// 清空画布
qc.reset(8);
var qx = qint.new(4, 'qx');
var qy = qint.new(4, 'qy');
qc.write(0);
qx.hadamard();
qy.hadamard();

// 有趣的条纹
qx.subtractShifted(qy, 1);
qc.phase(180, qx.bits(0x8));
qx.addShifted(qy, 1);
```

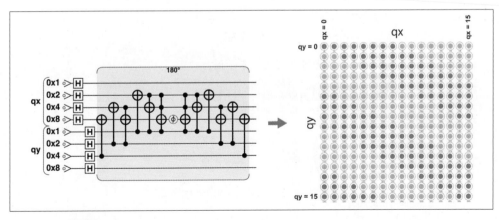

图 11-7：绘制条纹

11.3.3 绘制曲线

要画出更复杂的形状，我们需要掌握更复杂的数学知识。示例 11-2 展示了如何使用第 5 章中的名为 addSquared() 的 QPU 函数绘制半径为 13 像素的四分之一圆。效果如图 11-8 所示。在这个例子中，数学运算必须在十量子比特寄存器中执行，以防止在对 qx 和 qy 计算平方和时溢出。我们使用了在第 10 章中学到的技巧，通过强度逻辑运算和相位逻辑运算的组合，在一个状态的相位中存储逻辑运算的值。

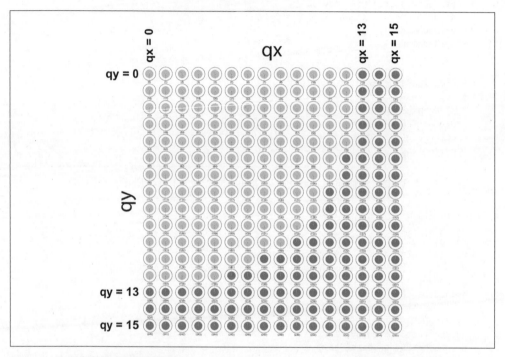

图 11-8：在希尔伯特空间绘制曲线

示例代码

请在 http://oreilly-qc.github.io?p=11-2 上运行本示例。

示例 11-2　在希尔伯特空间绘制曲线

```
var radius = 13;
var acc_bits = 10;

// 清空画布
qc.reset(18);
var qx = qint.new(4, 'qx');
var qy = qint.new(4, 'qy');
var qacc = qint.new(10, 'qacc');
qc.write(0);
```

```
qx.hadamard();
qy.hadamard();

// 如果x^2+y^2<r^2，就填充
qacc.addSquared(qx);
qacc.addSquared(qy);
qacc.subtract(radius * radius);
qacc.phase(180, 1 << (acc_bits - 1));
qacc.add(radius * radius);
qacc.subtractSquared(qy);
qacc.subtractSquared(qx);
```

如果 qacc 寄存器太小，则在其中执行的数学运算将溢出，从而出现弯曲带。在图 11-11 中，我们将有意地使用这种溢出效应。

11.4 采样相位编码图像

现在可以用 QPU 寄存器的相位来表示图像了，让我们回到超采样的问题上来。回想一下，在超采样中，有许多信息是从计算机生成的场景（对应于我们跟踪的不同光线）计算出来的。我们希望组合这些信息，在最终的输出图像中给出单个像素。为了模拟这一点，可以将 16×16 量子态阵列看作由 16 个 4×4 分片组成的，如图 11-9 所示。

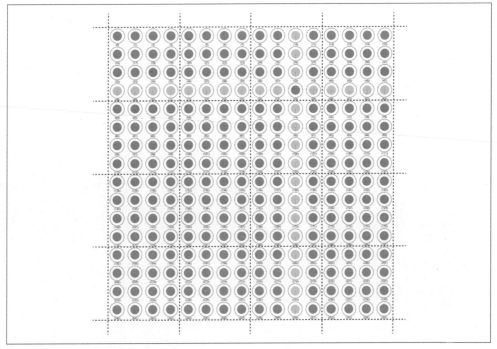

图 11-9：被分成子像素的简单图像

假设完整的 16 × 16 图像是具有较高分辨率的数据，我们希望将其减少到最终仅有 16 像素。

因为分片只不过是 4 × 4 的子像素，所以绘制这些分片所需的 qx 寄存器和 qy 寄存器可以分别减少到两个量子比特。我们可以使用溢出寄存器（我们称之为 qacc，因为这种寄存器通常被称为累加器）来执行任何所需的不适合两个量子比特的逻辑运算。图 11-10 针对一个分片显示了绘制图 11-9 所示图像的电路。示例 11-3 是对应的代码。

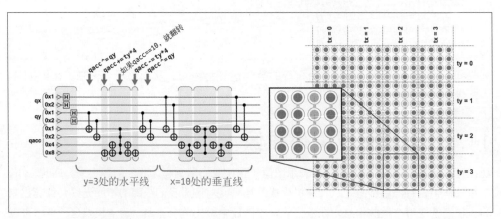

图 11-10：绘制处于叠加态的一个分片的子像素

示例代码

请在 http://oreilly-qc.github.io?p=11-3 上运行本示例。

示例 11-3　使用累加器画线

```
// 设置空白画布
qc.reset(8);
var qx = qint.new(2, 'qx');
var qy = qint.new(2, 'qy');
var qacc = qint.new(4, 'qacc');
qc.write(0);
qx.hadamard();
qy.hadamard();

// 选择要绘制的分片
var tx = 2; // 分片列
var ty = 1; // 分片行

// y=3处的水平线
qacc.cnot(qy);
qacc.add(ty * 4);
qacc.not(~3);
qacc.cphase(180);
qacc.not(~3);
qacc.subtract(ty * 4);
qacc.cnot(qy);
```

```
// x=10处的垂直线
qacc.cnot(qx);
qacc.add(tx * 4);
qacc.not(~10);
qacc.cphase(180);
qacc.not(~10);
qacc.subtract(tx * 4);
qacc.cnot(qx);
```

请注意，在此程序中，变量 tx 和 ty 是数字，用于指出着色器正在处理图像的哪个分片。我们通过将 qx 和 (tx * 4) 相加来得到要绘制的那个子像素的绝对值 x。由于 tx 和 ty 不是量子值，因此可以很容易地计算出来。以这种方式将图像分片，我们将更容易执行之后的超采样。

11.5　更有趣的图像

利用更复杂的着色程序，我们可以针对 QSS 算法做一个更有趣的测试。为了测试和比较不同的超采样方法，我们使用环形带产生一些非常高频的细节，如图 11-11 所示。我们采取与之前同样的做法，将相位编码的图像分割成分片。

图 11-11：一种具有高频细节的图像，通常被渲染为 256 像素×256 像素（如本图所示）

看上去我们必须走一些捷径或者使用一些特殊技巧来生成这种图像。然而，这与传统计算机图形学早期所需的黑客技巧和解决方法并没有太大区别。

现在我们有了更高分辨率的相位编码图像，可以应用 QSS 算法了。在这个例子中，完整图像以 256 像素×256 像素绘制。我们将使用 4096 个分片，每个分片由 4 子像素×4 子像素组成，并对单个分片中的所有子像素进行超采样，从而生成最终采样图像的一个像素点。

11.6　超采样

对于每个分片，我们要估计已被翻转相位的子像素的数量。有了黑白子像素（表示为翻转或不翻转的相位），我们就可以获得代表其原始成分子像素强度的每个最终像素的值。简单地说，这个问题与第 6 章中的"量子和估计"问题完全相同。

为了利用量子和估计，我们简单地将实现绘图指令的量子程序看作在第 6 章的振幅放大中使用的翻转子例程。将其与第 7 章的量子傅里叶变换相结合，我们可以估算出每个分片中翻转的子像素的总数。这需要对每个分片多次运行绘图程序。

注意，在没有 QPU 的情况下，将高分辨率图像采样为低分辨率图像仍然需要对每个分片运行多次绘图子程序，将每个采样的值 qx 和 qy 随机化。每次只会收到一个"黑"或"白"的样本，将这些加起来，我们就会汇总出一幅近似的图像。

图 11-12 展示了量子超采样与传统超采样（传统超采样通常使用蒙特卡罗采样技术执行）的对比结果，超采样代码如示例 11-4 所示。图中的理想采样参考展示了理想结果，QSS 查找表是接下来将详细讨论的工具。

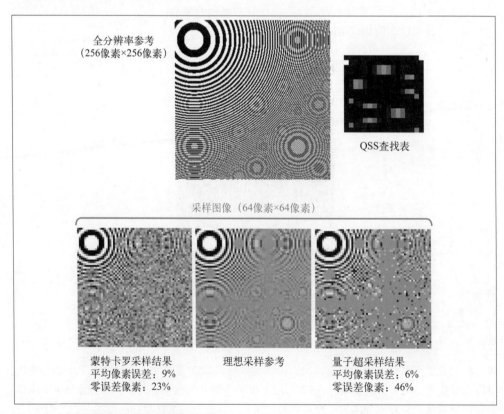

图 11-12：量子超采样与传统超采样的比较

示例代码

请在 http://oreilly-qc.github.io?p=11-4 上运行本示例。

请在 http://oreilly-qc.github.io?p=11-4 上运行本示例。

示例 11-4 超采样

```
function do_qss_image()
{
    var sp = {};
    var total_qubits = 2 * res_aa_bits + num_counter_bits
                        + accum_bits;

    // 设置QPU寄存器
    qc.reset(total_qubits);
    sp.qx = qint.new(res_aa_bits, 'qx');
    sp.qy = qint.new(res_aa_bits, 'qy');
    sp.counter = qint.new(num_counter_bits, 'counter');
    sp.qacc = qint.new(accum_bits, 'scratch');
    sp.qacc.write(0);

    // 对图像中的每个分片，运行qss_tile()函数
    for (var sp.ty = 0; sp.ty < res_tiles; ++sp.ty) {
        for (var sp.tx = 0; sp.tx < res_tiles; ++sp.tx)
            qss_tile(sp);
    }
}

function qss_tile(sp)
{
    // 准备分片画布
    sp.qx.write(0);
    sp.qy.write(0);
    sp.counter.write(0);
    sp.qx.hadamard();
    sp.qy.hadamard();
    sp.counter.hadamard();

    // 多次运行像素着色器
    for (var cbit = 0; cbit < num_counter_bits; ++cbit) {
        var iters = 1 << cbit;
        var qxy_bits = sp.qx.bits().or(sp.qy.bits());
        var condition = sp.counter.bits(iters);
        var mask_with_condition = qxy_bits.or(condition);
        for (var i = 0; i < iters; ++i) {
            shader_quantum(sp.qx, sp.qy, sp.tx, sp.ty, sp.qacc,
                        condition, sp.qcolor);
            grover_iteration(qxy_bits, mask_with_condition);
        }
    }
    invQFT(sp.counter);
```

```
        // 读取并解释结果
        sp.readVal = sp.counter.read();
        sp.hits = qss_count_to_hits[sp.readVal];
        sp.color = sp.hits / (res_aa * res_aa);
        return sp.color;
    }
```

本章开头提到过，QSS 的优势不在于必须执行的绘图操作的次数，而在于我们观察到的噪声特性的差异。

在这个例子中，当比较相同数量的样本时，量子超采样结果的平均像素误差比蒙特卡罗采样结果低 33%。更有趣的是，量子超采样结果的零误差像素（也就是其值与理想值完全一致的像素）的数量是蒙特卡罗采样结果的两倍。

11.7　量子超采样与蒙特卡罗采样

与传统的蒙特卡罗采样相比，量子超采样着色器从未实际输出单个子像素值。相反，它使用可能值的叠加值来估算你本来需要通过计算所有值并将它们相加而得到的和。如果你需要计算每个子像素值，那么传统的计算方法更适合你。如果你需要计算总和，或者需要知道多组子像素的某些其他特征，那么 QPU 可以为你提供不错的替代方案。

量子超采样与传统超采样的根本区别如下。

传统超采样

　　随着样本数的增加，结果收敛到精确答案。

量子超采样

　　随着样本数的增加，得到精确答案的概率也会提高。

既然我们已经了解了量子超采样可以做些什么，下面进一步了解它的工作原理。

量子超采样的工作原理

量子超采样背后的核心思想是使用我们在第 6 章中看到的方法，将 AA 迭代和量子傅里叶变换（QFT）结合，从而估计出被每次 AA 迭代的翻转子例程所翻转的项的个数。

量子超采样中的翻转操作由绘图程序提供，它将翻转所有"白色"子像素的相位。

我们可以这样来理解 AA 和 QFT 联手计算翻转项的方法。根据"计数器"量子比特寄存器的值执行单次 AA 迭代。之所以称这个寄存器为"计数器"，正是因为它的值决定了电路将执行多少次 AA 迭代。如果现在使用 HAD 指令以叠加方式准备"计数器"寄存器，那么 AA 迭代的执行次数将是一个叠加值。如第 6 章所述，寄存器中多个翻转值的读取概率取决于 AA 迭代的执行次数。我们在前面的讨论中提到，振荡频率取决于翻转值的数量。因此，当 AA 迭代的执行次数是叠加值时，我们会在 QPU 寄存器的振幅上引入一个振荡周期，其频率取决于翻转值的数量。

要读取编码在 QPU 寄存器中的频率，就该 QFT 出场了：使用 QFT，我们可以确定该频率，继而确定翻转值的数量，也就是着色子像素的数量。知道了在最终的低分辨率图像中对单个像素点进行超采样的子像素的数量之后，我们就可以使用它来确定应该为该像素使用的亮度。

以上文字可能理解起来有些困难，不过你可以逐步运行示例 11-4 中的代码并研究可视化结果。我们相信这样做会有助于理解量子超采样的工作原理。

请注意，使用的"计数器"量子比特越多，图像的采样效果就越好，但代价是必须运行更多次数的绘图代码。这种取舍对于量子方法和传统方法都是存在的，如图 11-13 所示。

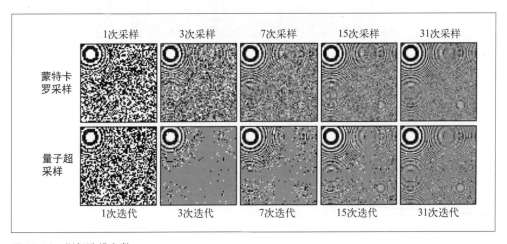

图 11-13：增加迭代次数

1. QSS 查找表

当执行 QSS 算法并读取 QPU 寄存器时，我们得到的将是与给定分片中白色像素数量有关的数字，而不是该数量本身。

QSS 查找表用于查找给定的读取结果对应在某个分片中有多少子像素。特定图像所需的 QSS 查找表不依赖于图像细节（更准确地说，不依赖于我们使用的 QPU 像素着色器的细节）。给定分片大小和"计数器"寄存器大小，我们可以为任何 QSS 应用程序生成和重用 QSS 查找表。

举例来说，图 11-14 展示了一个 QSS 应用程序的查找表。分片大小为 4×4，"计数器"寄存器包含 4 个量子比特。

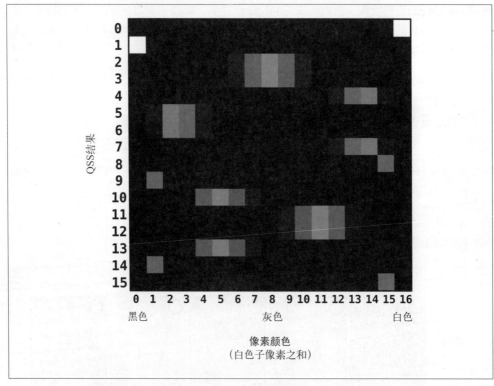

图 11-14：QSS 查找表用于将 QSS 结果转换为采样像素亮度

QSS 查找表的行（纵轴）枚举我们可能从 QSS 应用程序的输出 QPU 寄存器中读取的结果。QSS 查找表的列（横轴）枚举分片中可能会产生这些读取值的子像素的数量。表中的灰度颜色以图形方式表示与各个可能的读取值相关联的概率（图中较浅的颜色表示更高的概率）。下面来看看如何使用 QSS 查找表。假设读取的 QSS 结果是 10，在 QSS 查找表中找到这一行，我们看到这个结果很可能意味着已经对 5 个白色子像素进行了超采样。不过在该行中还有对 4 个或 6 个（甚至概率更小的 3 个或 7 个）子像素进行超采样的非零概率。注意，该 QSS 查找表引入了一些误差，这是因为我们不能总是从读取结果中推断出采样子像素的唯一数量。

QSS 算法使用这种查找表来确定最终结果。如何得到用于解决某个 QSS 问题的 QSS 查找表呢？示例 11-5 中的代码展示了如何计算 QSS 查找表。请注意，这段代码不依赖于特定的 QPU 像素着色器（特定图像）。由于查找表只将读取的值与每个分片中的给定数量的白色子像素相关联（不管它们的确切位置如何），因此可以在不了解要进行超采样的实际图像的情况下生成该值。

示例 11-5　构建 QSS 查找表

```
function create_table_column(color, qxy, qcount)
{
    var true_count = color;

    // 置于叠加态
    qc.write(0);
    qcount.hadamard();
    qxy.hadamard();

    for (var i = 0; i < num_counter_bits; ++i)
    {
        var reps = 1 << i;
        var condition = qcount.bits(reps);
        var mask_with_condition = qxy.bits().or(condition);
        for (var j = 0; j < reps; ++j)
        {
            flip_n_terms(qxy, true_count, condition);
            grover_iteration(qxy.bits(), mask_with_condition);
        }
    }
    invQFT(qcount);

    // 构建QSS查找表
    for (var i = 0; i < (1 << num_counter_bits); ++i)
        qss_lookup_table[color][i] = qcount.peekProbability(i);
}
```

给定"计数器"寄存器大小和分片大小，我们可以从 QSS 查找表中洞悉 QSS 算法的原理。
图 11-15 展示了对于大小固定的"计数器"寄存器（图中为 4 个量子比特），当增加 QSS
算法所用的分片大小时（子像素的数量随之增加），查找表是如何变化的。

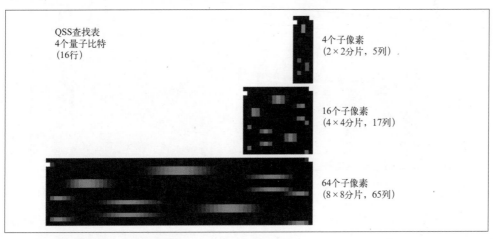

图 11-15：列数随子像素数增加而增加

类似地，图 11-16 展示了当增加量子比特数时（给定分片大小），查找表是如何变化的。

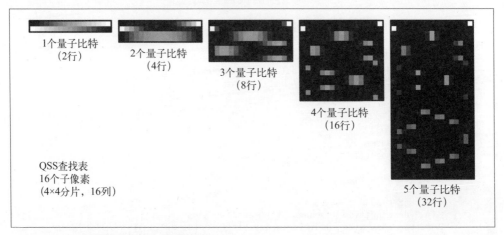

图 11-16：行数随量子比特数增加而增加

2. 置信度图

除了作为解释读取结果的工具，QSS 查找表还可用于评估我们对像素的最终亮度有多大把握。通过在某一行中查找给定像素的 QSS 读取结果，我们可以估算正确推断出像素值的概率。例如，对于图 11-14 所示的查找表，我们非常确信读取的值是 0 或 1，但不太确信读取的值是 2、3 或 4。这种推断可用于生成**置信度图**，指示使用 QSS 生成的图像中可能会出现误差的位置，如图 11-17 所示。

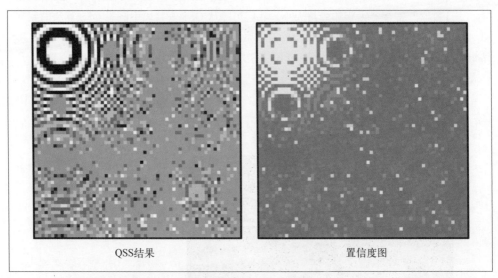

图 11-17：QSS 结果与根据 QSS 查找表生成的相应的置信度图。在置信度图中，较亮的像素表示结果正确的概率较高

11.8　增加颜色

我们在本章中使用 QSS 渲染的图像都是单色位图，也就是说，使用翻转的 QPU 寄存器相位来表示黑白像素。尽管我们是复古游戏的忠实"粉丝"，但或许仍然可以试试加入更多的颜色？我们可以简单地使用 QPU 寄存器的相位和振幅来为像素编码更大范围的颜色值，但是 QSS 使用的量子和估计就不能用了。

然而，我们可以借用早期的独立显卡所用的一种叫作**位平面**（bitplane）的技术。借助这种技术，我们使用 QPU 像素着色器来渲染单独的单色图像，每幅单色图像代表图像的一位。假设要将红、绿、蓝 3 种颜色与图像中的每个像素点相关联。像素着色器可以生成 3 幅单独的单色图像，每一幅都各自对应一个颜色通道。可以分别对这 3 幅单色图像进行超采样，然后再将它们组合成最终的彩色图像。

这种方法只能使用 8 种颜色（包括黑色和白色）。不过，超采样能够将子像素混合在一起，从而实际生成每个像素点 12 位的图像，如图 11-18 所示。

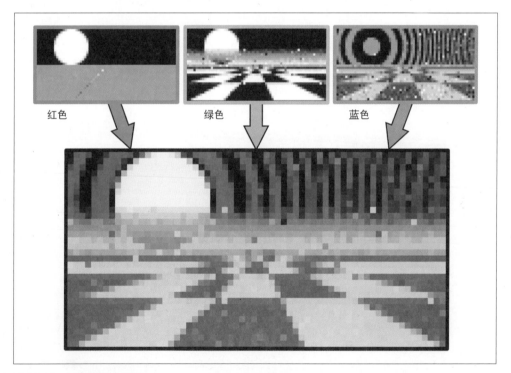

图 11-18：组合超采样色板

11.9　小结

本章展示了如何结合 QPU 原语与少量领域知识来发掘新的 QPU 应用领域。重新分配采样噪声的能力直观地说明，除了速度，QPU 应用程序的其他优势也不容小觑。

同样值得注意的是，量子超采样的噪声再分配能力可能应用于计算机图形学之外的其他领域。在人工智能、计算流体动力学甚至金融学等领域，也会大量使用蒙特卡罗采样。

为了引入量子超采样，我们使用了 QPU 寄存器中的相位编码来表示图像。值得注意的是，量子图像处理研究人员还提出了许多其他类似的表示方法，其中包括**量子比特格表示**（qubit lattice representation）、**量子图像的柔性表示**（flexible representation of quantum images）、**新型增强量子表示**（novel enhanced quantum representation）和**通用量子图像表示**（generalized quantum image representation）。这些表示方法已被用于探索其他图像处理应用，包括模板匹配、边缘检测、图像分类和图像转换等多种场景。

第12章

舒尔分解算法

如果你在阅读本书之前听说过量子计算的一个应用，那么这个应用很有可能就是舒尔分解算法。

1994 年，彼得·舒尔（Peter Shor）发现，一台足够强大的量子计算机能够比任何传统计算机都更快地找到一个数的质因数。在那之前，人们一直认为量子计算主要在学术上有用，却不够实用。在本章中，我们将亲自体验舒尔分解算法的一个具体的 QPU 实现。

快速分解大数的能力不仅仅能满足人们在数学上的好奇心，还可以帮助破解 Rivest-Shamir-Adleman（RSA）公钥密码体系。无论何时启动 ssh 会话，你都要用到 RSA。像 RSA 这样的公钥密码体系的工作流程是这样的：任何人都可以使用一个免费的公钥来**加密**信息，但是一旦加密之后，这些信息只能使用私人持有的密钥**解密**。人们通常把公钥密码体系比作邮箱的电子版本。想象一下，任何人都可以将信通过一条缝投入一个锁着的邮箱（但不能找回），但只有主人有邮箱钥匙。实践证明，作为公钥密码体系的一部分，寻找大数 N 的质因数的任务效果很好。保证某人只能使用公钥加密而不能解密信息的前提是，找到 N 的质因数是一项在计算上不可行的任务。

对 RSA 的完整解释超出了本书的范围，但关键点在于，如果舒尔分解算法提供了一种找到大数 N 的质因数的方法，那么它将动摇现代互联网的根基。

除了对密码学的意义，理解舒尔分解算法还有其他重要的意义：它是解决所谓的**隐含子群问题**（hidden subgroup problem）的算法中最著名的例子。在这类问题中，我们要确定给定周期函数的周期性，这可能非常复杂。离散数学中的许多问题属于隐含子群问题，比如周期发现、顺序发现（这是分解中潜在的难题）、求离散对数等。我们将在本章中看到的方法可以为这类问题提供解决方案[1]。

舒尔分解算法是应用 QPU 原语的另一个主要例子。我们在第 7 章中已经了解到，QFT 非常适合于研究周期性信号。舒尔分解算法充分利用了它。

舒尔分解算法的一个特别有指导意义的点在于，它通过利用传统程序从 QFT 学到的周期性中检索所需的质因数来完成计算。该算法之所以能很好地工作，是因为它接受了 QPU 作为协处理器的角色，只将量子思想应用于问题中那些非常适合它的部分。

让我们仔细探究舒尔分解算法背后的思想和代码。

12.1 实践：在QPU上应用舒尔分解算法

为了与本书的实践主题保持一致，示例 12-1 中的代码使你可以利用 QCEngine 的内置函数立即应用舒尔分解算法。

示例代码

请在 http://oreilly-qc.github.io?p=12-1 上运行本示例。

示例 12-1 完整的舒尔分解算法

```
function shor_sample() {
    var N = 35; // 要分解的数
    var precision_bits = 4; // 相关说明，请参见正文
    var coprime = 2; // 在这个QPU实现中必须是2
    var result = Shor(N, precision_bits, coprime);
}

function Shor(N, precision_bits, coprime) {
    // 量子部分
    var repeat_period = ShorQPU(N, precision_bits, coprime);
    var factors = ShorLogic(N, repeat_period, coprime);
    // 传统部分
    return factors;
}

function ShorLogic(N, repeat_period, coprime) {
    // 给定重复周期，找出实际因数
    var ar2 = Math.pow(coprime, repeat_period / 2.0);
    var factor1 = gcd(N, ar2 - 1);
    var factor2 = gcd(N, ar2 + 1);
    return [factor1, factor2];
}
```

注 1：注意，并非所有这类问题都有这种形式的解决方案。例如，图同构（通过重新标记顶点来测试图的等价性）也属于隐含子群问题，但我们还不知道是否存在有效的 QPU 解决方案。

如前所述，QPU 在这里只做了部分工作。Shor() 函数调用另外两个函数。第一个函数是 ShorQPU()，它利用 QPU（或其模拟）来帮助查找函数的**重复周期**。第二个函数是 ShorLogic()，它的工作是使用在 CPU 上运行的传统软件执行的。稍后，我们将更详细地讨论这些函数。

我们在示例中所用的 ShorLogic() 仅用于说明目的。尽管说起来很简单，但它做的事情不简单——它可以处理非常大的数。全规模舒尔分解算法是当前的研究热点。

本章接下来将以易于理解的方式介绍标准的舒尔分解算法。但是请注意，我们所介绍的并不是最高效的实现，而且实际情况可能会因 QPU 硬件而异。

12.2　算法说明

让我们从 ShorQPU() 函数开始。我们将在没有数论证明的情况下断言一个有用的事实[2]，那就是如果我们能够解决在整数变量 x 变化的情况下，找出函数 $a^x \bmod(N)$ 的重复周期这一看似无关的问题，就有可能找出使一个数 $N=pq$ 的质因数 p 和 q。这里的 N 仍然是我们要分解的数，a 被称为**互质**（coprime）。互质的值可以是任意素数。

如果找出 $a^x \bmod(N)$ 重复周期的想法听起来很模糊，请不要担心。它的意思是，当你更改 x 的值时，$a^x \bmod(N)$ 返回的数字序列最终会重复自身，如图 12-1 所示。

为简单起见，我们选择 2 作为互质。除了因为它是最小的素数，这种选择还具有其他优点，如 a^x 的 QPU 实现可以通过简单地移位来实现。这是一个很好的选择，它适合本章涉及的情况，但并不适合其他情况。

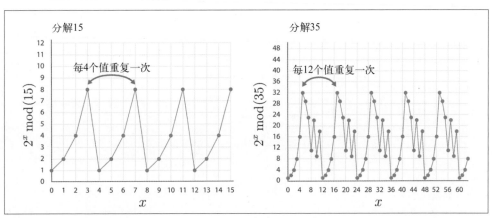

图 12-1：两个 N 值的重复周期

注 2：更多参考资料，请参见第 14 章。

一旦我们知道了重复周期 p，就有希望由 gcd(N, $a^{p/2}+1$) 计算得出 N 的一个质因数，而另一个质因数则由 gcd(N, $a^{p/2}-1$) 计算得出。再次提醒，我们在这里给出的结论都是没有经过证明的，但都是从数论的论点推断得出的。此处的 gcd 是一个函数，它返回两个参数的最大公约数。著名的**欧几里得算法**可以在传统的 CPU 上快速计算出最大公约数。

虽然我们可以从这两个 gcd 表达式中找到质因数，但这是无法保证的。成功与否取决于选择的互质 a 的值。如前所述，出于说明的目的，我们选择了 2 作为互质。因此，这个实现是不能进行某些数的分解的，如 171 或 297。

12.2.1 我们需要QPU吗

我们把质因数分解问题简化为求 a^x mod(N) 的周期 p 的问题。使用传统的 CPU 程序来寻找 p 实际上是可行的。我们需要做的就是不断地增加 x 的值，计算 a^x mod(N)，统计尝试过多少个值，并跟踪得到的返回值。一旦返回值重复，我们就可以停下来，将周期声明为我们尝试的值的数量。

对于这种找出 a^x mod(N) 周期的暴力破解方法，要想从函数中得到相同的值，我们必须经历一个完整的重复周期。有一个不是很明显的数学特性：假定 a^x mod(N) 只能在一个周期内取任意给定值一次。因此，当第二次得到相同的结果时，我们就知道已经完成了一个完整的周期。

示例 12-2 实现了这种非量子方式的暴力破解方法来找出 p。

示例代码

请在 http://oreilly-qc.github.io?p=12-2 上运行本示例。

示例 12-2　不使用 QPU 分解

```
function ShorNoQPU(N, precision_bits, coprime) {
    // 把舒尔分解算法的量子部分替换为传统实现
    varwork = 1;
    var max_loops = Math.pow(2, precision_bits);
    for (var iter = 0; iter < max_loops; ++iter) {
        work = (work * coprime) % N;
        if (work == 1) // 找到重复周期
            return iter + 1;
    }
    return 0;
}
```

示例 12-2 中的代码可以在整个数值范围内快速运行。查找重复周期的循环只需运行，找到第一个重复值，然后结束即可。如果是这样，那到底为什么我们还要用 QPU 呢？

尽管示例 12-2 中的 ShorNoQPU() 的计算成本似乎不太高,但找到重复模式(根据模式本身的重复周期得出)所需的循环数随着数 N 的位数呈指数级增长,如图 12-2 所示。

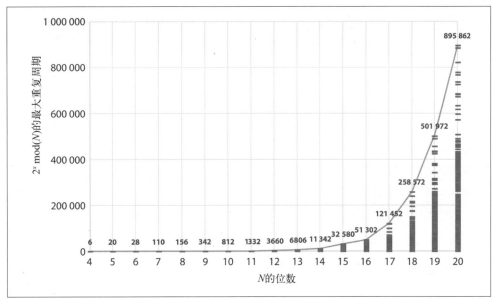

图 12-2:查找 N 的重复周期所需的最大循环数。条形图的每条中还显示一个直方图,其中显示重复周期的分布

 在传统的 CPU 上有更高效的方法来寻找质因数(比如通用数域筛法),但是随着 N 的大小增加,这些方法都会遇到类似的可扩展性问题。在传统的 CPU 上,最高效的分解算法的运行时间随输入大小呈指数级增长,而舒尔分解算法的运行时间随输入大小呈多项式增长。

下面让我们用 QPU 试试。

12.2.2　量子方法

下一节将逐步介绍 ShorQPU() 的工作原理,不过我们首先需要花些时间重点研究它如何创造性地使用 QFT。

我们很快就会看到,得益于一些初始的 HAD 运算,ShorQPU() 可以使用 QPU 寄存器的强度和相对相位来表示 $a^x \bmod(N)$。回顾第 7 章,QFT 实现了离散傅里叶变换(DFT),并使 QPU 输出寄存器置于输入中包含的不同频率的叠加态。

图 12-3 显示了 $a^x \bmod(N)$ 的 DFT 结果。

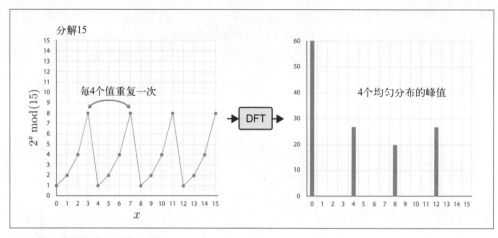

图 12-3：分解 15 时执行的计算

这个 DFT 包括以正确的信号频率 4 出现的峰值，从中可以很容易地计算出 p。这对传统 DFT 来说是很好的，但是回顾第 7 章，如果我们对信号执行 QFT，那么这些输出峰值出现在 QPU 输出寄存器内的叠加态中。我们在读取后从 QFT 获得的值不太可能是所期待的频率。

看起来使用 QFT 的想法落空了。但是，如果用不同的 N 值尝试，我们就会发现这种特殊信号的 DFT 结果很有趣。图 12-4 显示了 $N=35$ 时 $a^x \bmod(N)$ 的 DFT 结果。

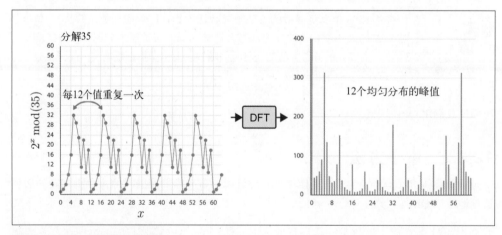

图 12-4：分解 35 时执行的计算

在这个例子中，$a^x \bmod(N)$ 的重复周期是 12，DFT 中也有 12 个均匀分布的最高权重峰值（这些是我们在执行 QFT 之后最可能读取的值）。通过使用不同的 N 值，我们开始注意到一个趋势：对于具有重复周期 p 的模式，傅里叶变换的强度将正好具有 p 个均匀分布的峰值。

由于峰值是均匀分布的，并且寄存器大小已知，因此我们可以估计 QFT 中有多少峰值——即使不可能实际观测到多个峰值，也可以估计（我们很快将给出一个明确的算法）。从实验中可知，峰值的数量和输入信号的重复周期 p 是一样的——我们要的就是这个数！

与第 7 章介绍的方法相比，这是对 QFT 的更为间接的用法，但它告诉了我们一件重要的事情——我们应不惮于使用任何可以使用的工具来试验 QPU 寄存器中的内容。令人宽慰的是，即便使用的是 QPU，神圣的程序员箴言"修改代码，看看会发生什么"依然十分有用。

12.3 逐步操作：分解数字15

让我们逐步看一下如何使用 QPU 来分解数字 15（剧透警告：答案是 3×5）。随着我们尝试分解更大的数字，程序会变得越来越复杂，但是 15 是一个很好的开始。下面使用示例12-3 中的设置来演示算法的操作。

示例代码

请在 http://oreilly-qc.github.io?p=12-3 上运行本示例。

示例 12-3　分解数字 15

```
var N = 15;              // 要分解的数字
var precision_bits = 4;  // 相关说明，请参见正文
var coprime = 2;         // 在这个QPU实现中必须是2

var result = Shor(N, precision_bits, coprime);
```

在本例中，第一个参数 N 被设置为 15，这是我们要分解的数字。第二个参数 precision_bits 是 4。使用更多的精度位通常更有可能返回正确的答案，但缺点是需要更多的量子比特和更多的指令来执行。第三个参数 coprime 将保留为 2，这是舒尔分解算法的简化 QPU 实现所支持的唯一值。

我们已经知道主函数 Shor() 执行两个较小的函数。QPU 程序确定重复周期，然后将结果传递给第二个函数，这个函数使用 CPU 上的传统数字逻辑确定质因数。Shor() 各组成部分的操作步骤说明如下：

- 步骤 1 ~ 4 创建算出的 $a^x \bmod(N)$ 值的叠加态；
- 步骤 5 ~ 6 实现前面概述的 QFT 技巧，用来学习此信号的周期 p；
- 步骤 7 ~ 8 在传统的 CPU 算法中使用 p 来寻找质因数。

我们在八量子比特寄存器上逐步看一下这些步骤，其中 4 个量子比特被用于表示传递给 $a^x \bmod(N)$ 的 x 的不同值（叠加态），另外 4 个量子比特用于处理和跟踪此函数返回的值。

这意味着我们总共需要记录 256 个值（$2^8=256$）——体现在圆形表示法中就是 256 个圆。将所有这些圆排列成一个 16×16 的正方形，我们可以分别看到每个四量子比特寄存器中的 16 个状态（请参阅第 3 章，回顾一下以这种方式查看圆形表示法）。为方便起见，我们还将在 16×16 的网格中添加标签，用于显示两个寄存器中每个值的概率。好了，说得已经够多了，让我们用 QPU 分解数字吧！

12.3.1　步骤1：初始化QPU寄存器

为了启动舒尔分解程序的量子部分，我们用数值 1 和 0 初始化寄存器，如图 12-5 所示。我们很快就会看到，使用值 1 启动 work 寄存器对于计算 $a^x \bmod(N)$ 的方式是必要的。

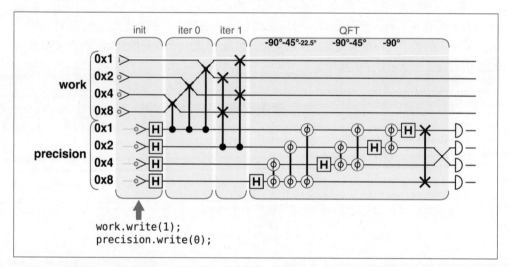

图 12-5：步骤 1 的 QPU 指令

图 12-6 以圆形表示法显示了两个寄存器在初始化后的状态。

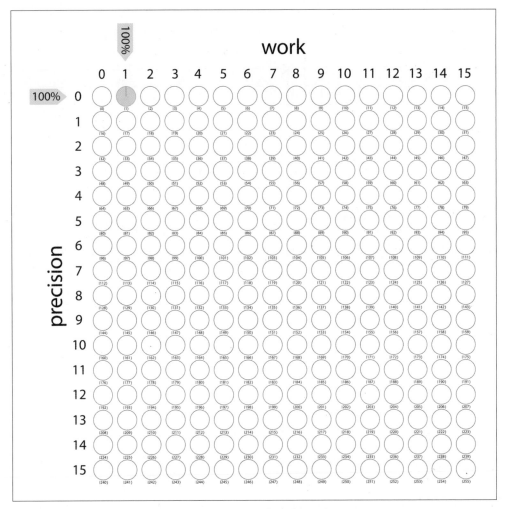

图 12-6：步骤 1：分别将 work 寄存器和 precision 寄存器初始化为 1 和 0

12.3.2　步骤2：扩展为量子叠加态

precision 寄存器用于表示将传递给函数 $a^x \bmod(N)$ 的 x 值。由于我们将使用量子叠加态来为 x 的多个值并行计算这个函数，因此应用 HAD 指令，如图 12-7 所示，将 precision 寄存器置于所有可能值的叠加态。

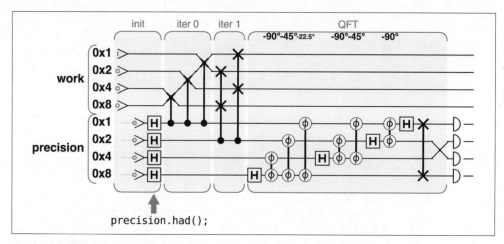

图 12-7：步骤 2 的 QPU 指令

这样一来，图 12-8 所示的圆形网格中的每一行都可以作为并行计算的单独输入来处理。

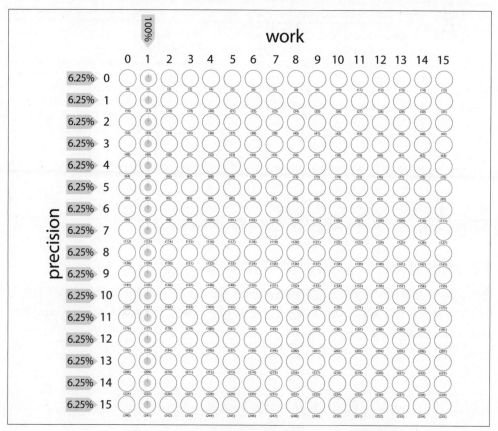

图 12-8：步骤 2：precision 寄存器的叠加态使我们能够计算 $a^x \bmod(N)$ 的叠加值

12.3.3　步骤3：条件乘2

现在要对 precision 寄存器中的输入叠加值执行函数 $a^x \bmod(N)$，然后使用 work 寄存器保存结果。问题是，如何在量子比特寄存器上执行 $a^x \bmod(N)$？

回想一下，由于我们选择了 $a=2$ 作为互质，因此函数的 a^x 部分变为 2^x，换句话说，要执行这部分函数，我们需要将 work 寄存器乘以 2。此乘法需要执行的次数为 x，它是 precision 寄存器中以二进制表示的值。

乘以 2（或 2 的任意幂）可以在任何二进制寄存器上通过简单的移位来实现。在这个例子中，每个量子比特都与下一个最高权重的位置交换（使用 QCEngine 的 rollLeft() 方法）。要乘以 2 共计 x 次，我们只需以 precision 寄存器中包含的量子比特的值为条件执行乘法运算。注意，我们将只使用 precision 寄存器的两个最低权重的量子比特来表示 x 的值（这意味着 x 可以取值 0、1、2、3）。因此，我们只需要以这两个量子比特作为条件。

 如果 x 只需要两个量子比特，为什么 precision 寄存器是四量子比特寄存器呢？尽管我们永远不会直接使用 precision 寄存器中额外的量子比特 0x4 和 0x8，但将它们包括在所有后续计算中，可以有效地展示我们将观察到的模式。如果没有它们，舒尔分解算法也会运行得很好，但是从教学的角度来说，指出用来解释算法工作原理的模式会变得有些困难。

如果 precision 寄存器中最低权重的量子比特值为 1，那么我们需要使 work 寄存器包含一个 ×2 的乘法运算。因此，以该量子比特的值为条件，在 work 寄存器上执行 rollLeft()，如图 12-9 所示。

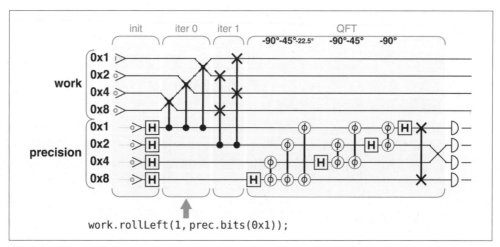

图 12-9：步骤 3 的 QPU 指令

结果如图 12-10 所示。

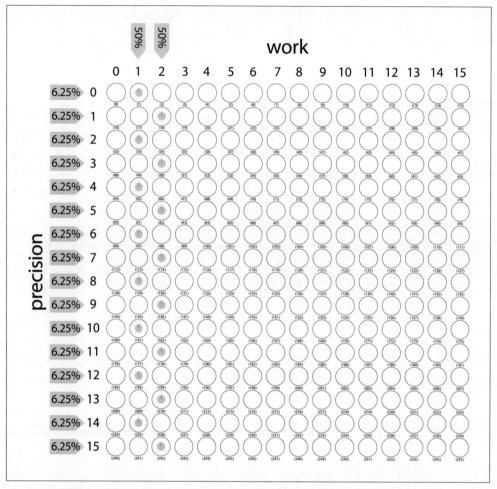

图 12-10：步骤 3：要开始实现 a^x，我们将 work 寄存器中的所有量子比特乘以 2，条件是 precision
寄存器中最低权重的量子比特值为 1

在 QPU 编程中，使用条件门作为 if/then 的等价操作是非常有用的，这是因
为“条件”一次性针对所有可能值得到了高效的计算。

12.3.4　步骤4：条件乘4

如果 precision 寄存器的次高权重的量子比特值为 1，则意味着 x 的二进制值也需要在 work 寄存器上再乘以 2 两次。因此，如图 12-11 所示，我们执行两个量子比特移位，即两个 rollLeft() 操作，并以 precision 寄存器的 0x2 量子比特的值作为条件。

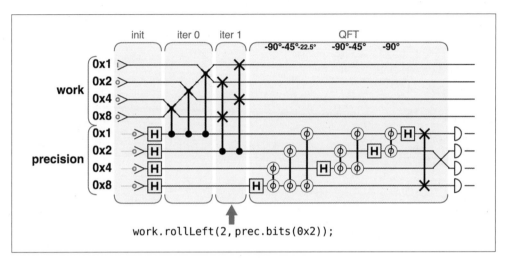

图 12-11：步骤 4 的 QPU 指令

现在 work 寄存器中有 a^x 的值，不过 x 的值被编码在 precision 寄存器的前两个量子比特中。在这个例子中，precision 处于 x 的可能值的均匀叠加态，我们将在 work 中得到相应的 a^x 值的叠加值。

尽管已经执行了所有必需的乘以 2 的运算，但我们似乎还没有采取任何措施去处理函数的 mod 部分，以完成函数 $a^x \bmod(N)$ 的实现。其实，对于已探讨过的特殊例子，我们的电路能够自动处理模。后文将进一步解释。

图 12-12 显示了如何通过叠加的方式计算 precision 寄存器中每个 x 值相应的 $a^x \bmod(N)$。

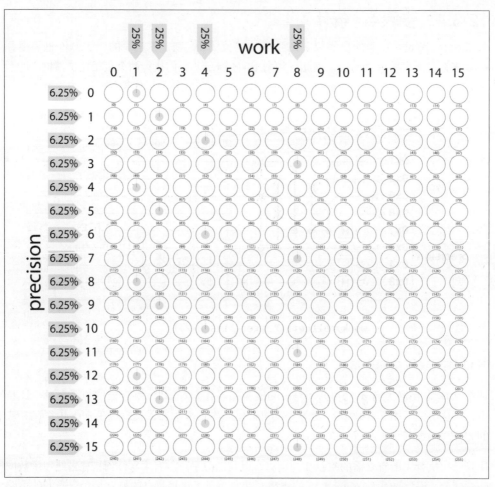

图 12-12：步骤 4：work 寄存器现在包含 precision 寄存器中的每个可能的 x 值相应的 $2^x \bmod(15)$ 的叠加值

图 12-12 显示了一个熟悉的模式。在 QPU 寄存器上执行了 $a^x \bmod(N)$ 函数后，叠加振幅与本章开头处在图 12-1 中首次生成的 $a^x \bmod(N)$ 的图形完全一致（尽管坐标轴旋转了 90°）。在图 12-13 中可以更明显地看出这一点。

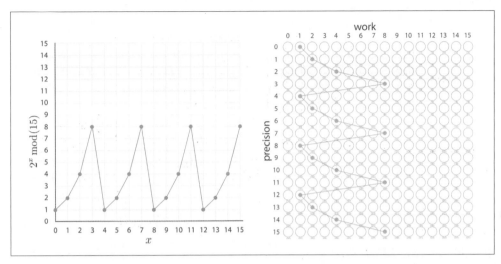

图 12-13：看起来好眼熟!

我们现在有了编码在 QPU 寄存器中的 $a^x \bmod(N)$ 的重复信号。当然，现在尝试读取任何一个寄存器都只会为 precision 寄存器返回一个随机值，以及相应的 work 寄存器的结果。幸运的是，我们有 DFT 峰值计数这个好办法。利用这个办法，可以找到该信号的重复周期。是时候让 QFT 出场了。

12.3.5　步骤5：QFT

通过对 precision 寄存器执行 QFT，如图 12-14 所示，我们高效地对每列数据执行 DFT，将 precision 寄存器的状态（如圆形表示法网格中的各行所示）转换为周期信号的分量频率的叠加态。

看看图 12-12 所示的周期模式，你可能想知道为什么不需要对两个寄存器都执行 QFT。（毕竟，work 寄存器才是应用了 $a^x \bmod(N)$ 的寄存器！）从圆形表示法网格中选取振幅非零的 work 值，并上下打量一下该列中的圆。你应该清楚地看到，随着 precision 寄存器值的变化，我们得到了振幅的周期性变化（在本例中，周期为 4）。这就是我们想要找到 QFT 的寄存器。

从上到下观察图 12-15，它现在类似于我们最初在图 12-3 中看到的 DFT 图，在图 12-16 中可以更明显地看出这一点。注意，在图 12-15 中，QFT 也影响了寄存器振幅的相对相位。

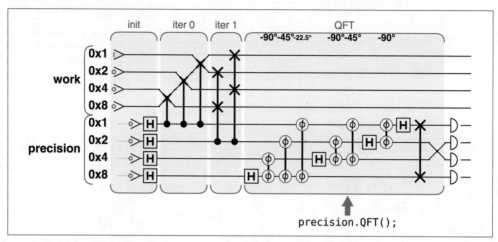

图 12-14：步骤 5 的 QPU 指令

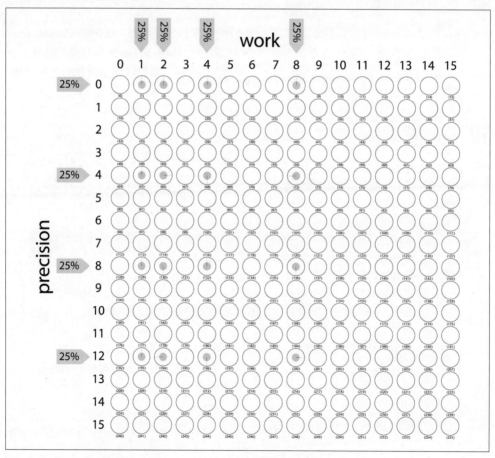

图 12-15：步骤 5：应用 QFT 后沿 precision 寄存器变化的频率峰值

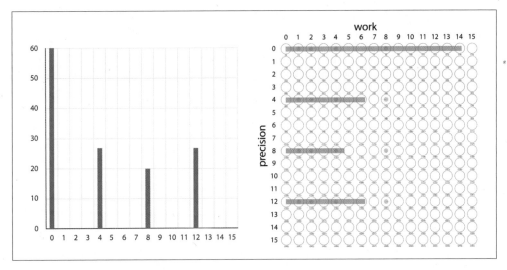

图 12-16：再次看到熟悉的图形

图 12-16 中的每一列现在都包含频率峰值的正确数量（在本例中为 4）。回顾之前探讨的内容，如果我们能够计算这些峰值，接下来要做的就是通过一些传统的数字逻辑找到因数。让我们通过读取 precision 寄存器来获得需要的信息。

12.3.6　步骤 6：读取量子结果

图 12-17 所示的读取指令返回一个随机值，概率为圆形表示法图中的概率值。此外，读取会破坏与观测数字结果不一致的所有值。

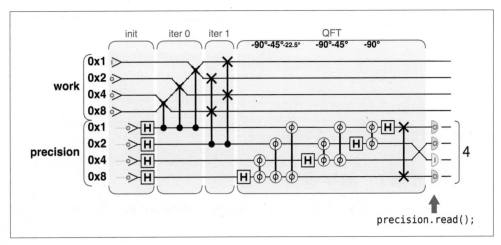

图 12-17：步骤 6 的 QPU 指令

在图 12-18 所示的读取结果示例中，我们从 4 个最可能的选项中随机得到了数字 4。现在，舒尔分解算法中由 QPU 执行的部分已经完成，我们将这个读取结果交给下一步使用的传统逻辑函数 ShorLogic()。

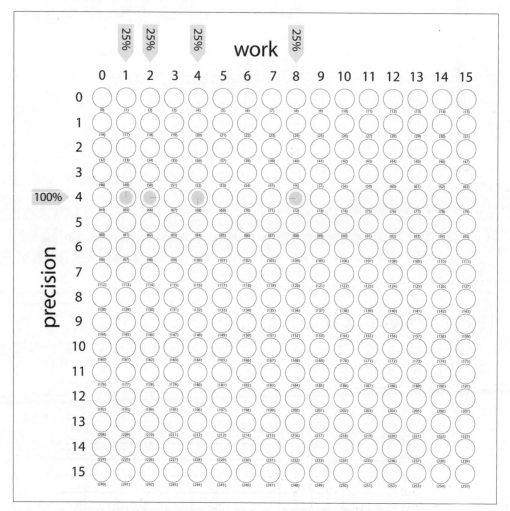

图 12-18：步骤 6：读取 precision 寄存器后的结果

12.3.7 步骤7：数字逻辑

在这一步之前，我们经过各个步骤得到了数字 4。不过，回顾图 12-15，我们同样可以随机地得到结果 0、8 或 12。

如前所述，鉴于我们知道 QFT 峰值在寄存器中均匀分布，我们可以使用传统的数字逻辑来确定哪些周期与读取值一致。示例 12-4 中的 estimate_num_spikes() 函数明确地展现了执行此操作的逻辑。在某些情况下，此函数可能会为 DFT 图返回多个候选峰值。如果我们将读取结果 4 传递给它，那么它将返回两个值，即 4 和 8，其中任何一个值都是 DFT 中与读取结果一致的峰值。

示例代码

请在 http://oreilly-qc.github.io?p=12-4 上运行本示例。

示例 12-4　基于 QPU 结果估计峰值数量

```
function estimate_num_spikes(spike, range)
{
    if (spike < range / 2)
        spike = range - spike;
    var best_error = 1.0;
    var e0 = 0, e1 = 0, e2 = 0;
    var actual = spike / range;
    var candidates = [];
    for (var denom = 1.0; denom < spike; ++denom)
    {
        var numerator = Math.round(denom * actual);
        var estimated = numerator / denom;
        var error = Math.abs(estimated - actual);
        e0 = e1;
        e1 = e2;
        e2 = error;
        // 寻找一个比当前的最好误差更好的局部最小值
        if (e1 <= best_error && e1 < e0 && e1 < e2)
        {
            var repeat_period = denom - 1;
            candidates.push(denom - 1);
            best_error = e1;
        }
    }
    return candidates;
}
```

因为我们在本例中得到了两个候选结果（4 和 8），所以需要检查这两个结果是否都能给出 15 的质因数。我们引入 ShorLogic()，它实现了 gcd 方程，用于确定某个数的质因数。我们首先在这个表达式中尝试值 4，它返回值 3 和 5。

并非所有的可用值都能带来正确的答案。如果我们得到的值是 0，会发生什么么？发生这种情况的概率是 25%，此时 estimate_num_spikes() 函数根本不返回候选值，因此程序失败。这是量子算法的常见情况，当可以快速检查答案的有效性时，这不是问题。在这种情况下，我们进行上述检查，如果有必要，就重新运行程序，从头开始。

12.3.8　步骤8：检查结果

一个数的质因数可能很难找到，但一旦找到答案就很容易验证。我们可以很容易地验证 3 和 5 都是素数，而且是 15 的因数（因此甚至不需要在 ShorLogic() 中检查第二个值 8）。

成功了！

12.4　使用细节

本章介绍了一个典型的复杂算法的简化版本。在我们的舒尔分解算法中，为了便于说明，我们简化了一些方面，但这是以算法的通用性为代价的。我们不会去深入挖掘，只是在这里做了一些必要的简化。更多信息也可以从在线示例代码中找到。

12.4.1　求模

之前已经提到过，在对 $a^x \bmod(N)$ 的 QPU 计算中，函数求模部分以某种方式被自动处理。这是我们想要分解的特定数字带来的巧合，可惜这并非普遍的情况。回想一下，我们通过移位将 work 寄存器乘以 2 的幂。如果简单地从值 1 开始，然后移动 4 次，那么我们应该得到 16（$2^4 = 16$）。但是，由于我们只使用了 4 位的数字，并且允许循环移位，因此得到的不是 16，而是 1，这也正是我们在乘法运算之后执行 mod(15) 所得到的结果。

如果尝试分解 21，你可以验证这个技巧也有效。可是，在较大（但仍然相对较小）的数字上（如 35），它失效了。对于这些更普遍的情况，我们能做些什么？

当传统计算机计算一个数的模时，例如 1024 % 35，它首先执行整数除法，然后返回余数。执行整数除法所需的传统逻辑门的数量**非常大**，其 QPU 实现远远超出了本书范畴。

不过有一种计算模的方法可以解决这个问题，它的实现不那么复杂，非常适合 QPU 运算。假设我们要为某个值 y 算出 $y\bmod(N)$，下面的代码将完成此任务：

```
y -= N;
if (y < 0) {
    y += N;
}
```

我们只需从值中减去 N，然后根据结果的符号来决定是否应该允许循环移位或返回其原始值。在传统计算机上，这可能被认为是不好的做法。但在本例中，它给出的正是我们所需要的：正确的答案，使用递减、递增和比较——已知的所有逻辑都可以通过第 5 章讨论的 QPU 运算来实现。

图 12-19 显示了用这种方法（针对某个值 val）求模的电路。

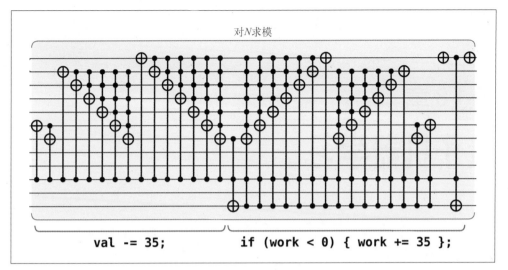

图 12-19：执行乘 2 对 35 求模的量子运算

尽管这个例子确实使用了大量复杂的运算来执行简单的计算，但它能够在叠加态中求模。

图 12-19 中的求模实现实际上使用了一个额外的临时量子比特来隐藏 work 寄存器的符号位，以用于条件加法。

12.4.2 时间与空间

12.4.1 节描述的模运算大大降低了一般的因式分解的运算速度，主要是因为它要求一次执行一个乘 2 的运算。所需运算数的增加（相应地整体操作时间的增加）破坏了 QPU 的优势。这个问题可以通过增加使用的量子比特的数量，然后应用对数次的模运算来解决。QPU 编程的许多挑战涉及找到方法来平衡程序的深度（运算数）和所需量子比特的数量。

12.4.3 除了2以外的互质

本章介绍的实现可以分解许多数，但对于某些数，它会返回预料之外的结果。例如，使用它来分解 407，会返回 [407, 1]。虽然在技术上无可置疑，但我们更希望得到 407 的普通因数，即 [37, 11]。

解决这个问题的方法是用一些其他素数替换我们用的 coprime=2，不过执行底数为 2 以外的幂运算所需的量子运算超出了本书范畴。选择 coprime=2 起到了简化说明的效果。

第13章

量子机器学习

在本书编写时，**量子机器学习**（quantum machine learning，QML）算得上是一个热词。关于 QML 的文章很多，而且这个话题经常被夸大或低估（这着实令人困扰）。本章将概述 QPU 如何改变机器学习，同时谨慎地指出操作量子数据时特有的注意事项。

有用的 QML 应用需要大量的量子比特。因此，我们只会笼统地介绍 QML 应用。鉴于这一新生领域正在迅速变化，这样的概述很合适。尽管本章简明扼要，缺少实践内容，但它非常依赖你在前几章对原语的实践经验。

我们总结了三种 QML 应用：**求解线性方程组**、**量子主成分分析**和**量子支持向量机**。它们之所以被选中，是因为它们既与机器学习相关，探讨起来又很简单。这些应用的传统版本应该对任何涉足机器学习的人都是熟悉的。我们只会简要介绍每种 QML 应用的传统版本。

在探讨 QML 时，我们将经常使用以下机器学习术语。

特征（feature）
> 用于描述可用于机器学习模型进行预测的数据点的可测量特性。我们认为这些特征的可能值定义了**特征空间**（feature space）。

有监督（supervised）
> 指的是必须在特征空间中的点集合上进行训练的机器学习模型，而这些点的正确类别或应答是已知的。只有这样，经过充分训练的模型才能用于分类（或预测）特征空间中新的点。

无监督（unsupervised）

指的是能够在不包括已知应答的训练数据中学习模式和结构的机器学习模型。

分类（classification）

用于描述将特征空间中的给定点分配给几个离散类别的其中一个的有监督预测模型。

回归（regression）

用于描述预测某些连续变化的应答变量的有监督模型。

降维（dimensionality reduction）

无监督数据预处理的一种形式，可使所有类型的机器学习模型受益。降维旨在减少描述问题所需的特征数量。

除了这些术语，我们还将使用机器学习问题的数学描述。因此，本章在数学上比之前各章要稍显复杂。

我们的第一个 QML 应用将展示 QPU 如何求解线性方程组。

13.1　求解线性方程组

线性方程组对机器学习来说非常重要，它们也是应用数学的基础。因此，我们提出的利用 QPU 有效求解线性方程组的 **HHL 算法**（通常简称为 HHL）是一个基础而又强大的工具，我们会看到，它也是其他 QML 应用的关键组成部分。人们也在考虑将 HHL 应用于从模拟电学效应到简化计算机图形计算等各个领域。

我们首先概述 HHL 算法，其中涉及描述传统线性方程组所需的数学知识。之后概述 HHL 中的量子运算，了解其性能改进以及同等重要的限制。最后，我们更详细地描述 HHL 如何"在黑盒中"工作。

13.1.1　线性方程组的描述与求解

表示线性方程组的最简洁的方法是矩阵乘法。事实上，对于解方程经验丰富的人来说，**矩阵**和**线性方程**是等价的。假设我们有一个包含两个线性方程的方程组，$3x_1 + 4x_2 = 3$ 和 $2x_1 + x_2 = 3$。我们可以用方程式 13-1 所示的矩阵方程来更简洁地表示它们。

方程式 13-1　用矩阵描述线性方程组

$$\begin{bmatrix} 3 & 4 \\ 2 & 1 \end{bmatrix} \begin{bmatrix} x_1 \\ x_2 \end{bmatrix} = \begin{bmatrix} 3 \\ 3 \end{bmatrix}$$

可以利用矩阵乘法规则来恢复这两个线性方程。更一般地说，n 个变量的 n 个线性方程构成的方程组可以写成包含 $n \times n$ 矩阵 A 和 n 维向量 $\vec{b}$ 的矩阵方程：

$$A\vec{x} = \vec{b}$$

这里我们还引入了一个向量 $\vec{x} = [x_1, \cdots, x_n]$，它就是我们要求解的 n 个变量。

在这个矩阵公式中，求解方程组的任务归结为能够求出矩阵 A 的逆矩阵，如果能够得到逆矩阵 A^{-1}，那么我们就可以很容易地通过方程式 13-2 确定 n 个未知变量。

方程式 13-2 利用逆矩阵法求解线性方程组

$$\vec{x} = A^{-1}\vec{b}$$

有许多传统的求逆矩阵的算法，而算法是否高效取决于矩阵是否具有某些有用的性质。

以下矩阵参数会影响传统算法和量子算法的性能。

n

线性方程组的规模。换言之，它是 A 的维度。如果我们要通过求解一个包含 n 个线性方程的方程组来找到 n 个变量，那么 A 就是一个 $n \times n$ 矩阵。

κ

代表线性方程组的矩阵 A 的**条件数**。对于给定方程组 $A\vec{x} = \vec{b}$，从条件数能知道向量 $\vec{b}$ 中的误差对我们找到的 $\vec{x} = A^{-1}\vec{b}$ 的解的误差有多大影响。κ 的计算方法为输入 $\vec{b}$ 和输出 $\vec{x} = A^{-1}\vec{b}$ 中的相对误差之间的最大比率。实践表明，κ 的值等价于 [1] 矩阵 A 的最大特征值和最小特征值的绝对值的比率 $|\lambda_{max}|/|\lambda_{min}|$。

s

矩阵 A 的**稀疏度**。这里是指 A 中非零项的数量。

ϵ

所需的解的精度。对于 HHL，我们很快就会看到输出状态 $|x\rangle$，它的振幅编码解向量 $\vec{x}$。增加 ϵ 意味着增加了振幅表示的 $\vec{x}$ 中的值的精度。

HHL 求逆矩阵的效率与以上参数有关。我们所说的效率指的是算法的运行时间（度量算法必须使用多少基本运算）。作为比较，在撰写本书时，求解线性方程组的主要传统算法可能是**共轭梯度下降法**（conjugate gradient descent method）。它的运行时间是 $O(ns\kappa \log(1/\epsilon))$。

13.1.2 用QPU解线性方程组

HHL（以 2009 年发现此算法的 Harrow、Hassidim 和 Lloyd 命名）使用我们迄今为止所学的原语，能够在特定意义上比共轭梯度下降法更快地找到矩阵的逆。我们之所以说"在特

注 1：只有当 A 是正规矩阵时，条件数的特征值表达式才成立。由于 HHL 依赖于量子模拟和共轭矩阵，因此 HHL 中使用的所有矩阵都必须是正规的。

定意义上"，是因为 HHL 解决了这个问题的一个量子版本。HHL 将线性方程组的解编码在 QPU 寄存器的振幅中，因此，它们是不可访问的量子。虽然 HHL 不能从传统意义上求解线性方程组，但振幅编码的解仍然是非常有用的，而且实际上是其他 QML 应用的关键组成部分。

1. HHL 的用法

在将 HHL 分解为原语之前，我们先给出其输入、输出和性能等信息。

HHL 的输入和输出如图 13-1 所示。

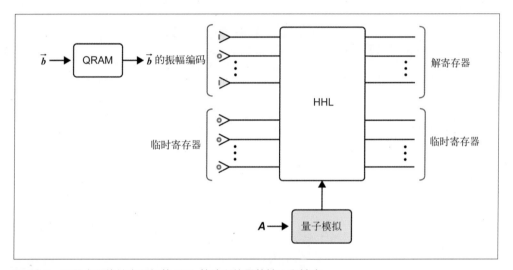

图 13-1：用于求解线性方程组的 HHL 算法所使用的输入和输出

输入

如图 13-1 所示，HHL 接收两个输入寄存器和一个矩阵（通过量子模拟）。

临时寄存器

它包含 HHL 中的各种原语使用的大量临时量子比特，所有的都被初始化为 $|0\rangle$ 态。因为 HHL 处理定点（或浮点）数据，并且涉及一些不太容易执行的算术运算（例如取平方根），所以我们需要大量的临时量子比特。这使得即使是最简单的情况也很难模拟 HHL。

$\vec{b}$ 的振幅编码

我们还需要向 HHL 提供方程式 13-2 中的向量 $\vec{b}$，它被编码在 QPU 寄存器的振幅中（以在第 9 章中探讨的方式）。我们将寄存器 $\vec{b}$ 的振幅编码的状态表示为 $|\vec{b}\rangle$。注意，要准备 $\vec{b}$ 的振幅编码，我们需要使用 QRAM。因此，HHL 从根本上依赖于 QRAM 的存在。

表示矩阵 A 的 QPU 运算

当然，HHL 还需要访问封装了待求解线性方程组的矩阵。图 13-1 底部展示了 HHL 要求如何将矩阵 A 表示为 QPU 运算，它可以通过第 9 章介绍的量子模拟过程来实现。这意味着矩阵 A 必须满足进行量子模拟所需的要求。

输出

图 13-1 还显示了从 HHL 输出的两个寄存器。

解寄存器

解向量 $\bar{x}$ 被编码在一个输出 QPU 寄存器的振幅中（我们将这个状态表示为 $|\bar{x}\rangle$）。正如之前强调过的，这意味着**我们无法访问单个解**，因为它们隐藏在量子叠加态的振幅中，我们不能指望通过读操作来提取它们的值。

临时寄存器

临时量子比特被恢复为起始状态 $|0\rangle$，我们得以在 QPU 的其他操作中继续使用它们。

以下是一些例子，从中可以看出，尽管 HHL 的量子输出具有不可访问的缺点，但它仍然非常有用。

1. 比起想了解 $\bar{x}$ 中所有 n 个变量的解本身的细节，我们可能更想知道一些派生属性，比如它们的和、平均值，甚至于它们是否包含某个频率分量。在这种情况下，我们可以对 $|\bar{x}\rangle$ 应用适当的量子电路，从而读取派生属性。
2. 如果只需要检查解向量 $\bar{x}$ 是否等于一个特定的向量，那么我们可以对 $|\bar{x}\rangle$ 和编码了另外的可能与其相等的向量的寄存器使用第 3 章介绍的**交换测试**。
3. 假如打算在更大的算法中使用 HHL 算法作为组件，那么 $|\bar{x}\rangle$ 或许足以满足需要。

由于线性方程组是机器学习中许多应用领域的基础，因此 HHL 是探索许多其他 QML 应用的起点，例如回归和数据拟合。

性能和使用细节

HHL 算法的运行时间[2]为 $O(\kappa^2 s^2 \epsilon^{-1} \log n)$。

传统的共轭梯度下降法的运行时间为 $O(ns\kappa \log(1/\epsilon))$，与其相比，HHL 算法显然在问题规模（$n$）的依赖方面有了指数级的提升。

可能有人会说这种比较不公平，因为传统的共轭梯度下降法给出了一整套解，而 HHL 只给出了量子解。为公平起见，我们稍作修改，将 HHL 与从线性方程组的解中计算派生统计属性（求和、求平均值等）的最佳传统算法进行比较，这些算法的运行时间 $O(n\sqrt{\kappa})$ 依赖于 n 和 κ，但是 HHL 在对 n 的依赖方面依然有指数级的提升。

注 2：人们对原始的 HHL 算法进行了一些改进和扩展，使得应用不同的参数时的运行时间发生了变化。这里重点讨论概念上更简单的原始算法。

尽管人们倾向于只关注算法如何随问题规模 n 的变化而变化，但其他参数也同样重要。尽管 HHL 在参数 n 上的指数加速令人印象深刻，但一旦考虑到条件较多或数据不太稀疏的情况（这样 κ 或 s 就变得重要），HHL 的性能就比传统算法差[3]。如果要求更高的精度并重视参数 ϵ，那么 HHL 也会受到影响。

基于上述原因，我们总结了以下使用细节：

> HHL 算法适用于求解由稀疏、条件不多的矩阵表示的线性方程组。

此外，由于 HHL 利用了量子模拟原语，因此需要注意使用的所有量子模拟技术的特定需求。

我们已尽最大的努力介绍了如何使用 HHL，下面让我们了解一下它的内部工作机制。

2. 黑盒内部

HHL 的底层实现依赖于一种通过矩阵的特征分解来求逆矩阵的特殊方法。任何矩阵都有一组相关的特征向量和特征值。由于本章的重点是量子机器学习，因此我们假设读者已经对特征向量和特征值有所了解。对于不了解的读者，这里稍作解释：特征向量和特征值本质上就是第 8 章介绍的 QPU 运算的本征态和本征相位在矩阵中的等价概念。

8.6 节提到过，QPU 寄存器的任何状态都可以被认为是任意 QPU 运算的叠加本征态。由于依赖于量子模拟，因此 HHL 仅限于求解由厄米矩阵表示的线性方程组[4]。对于此类矩阵，类似的特征分解也是成立的。作用于厄米矩阵 A 的任何向量都可以表示为 A 的特征向量的基向量（basis，即特征向量的线性组合形式）。

举例来说，考虑方程式 13-3 所示的厄米矩阵 A 和向量 $\vec{z}$。

方程式 13-3　用于介绍特征分解的矩阵和向量的例子

$$A = \begin{bmatrix} 2 & 2 \\ 2 & 3 \end{bmatrix}, \quad \vec{z} = \begin{bmatrix} 1 \\ 0 \end{bmatrix}$$

矩阵 A 的两个特征向量分别是 $\vec{v}_1 = [-0.788, 0.615]$ 和 $\vec{v}_2 = [-0.615, -0.788]$，相应的特征值 $\lambda_1 = 0.438$ 和 $\lambda_2 = 4.56$。你可以通过 $A\vec{v}_1 = \lambda_1\vec{v}_1$ 和 $A\vec{v}_2 = \lambda_2\vec{v}_2$ 来检查是否正确。因为 A 是厄米矩阵，所以 $\vec{z}$ 可以写为其特征向量的基向量，在本例中 $\vec{z} = -0.788\vec{v}_1 - 0.615\vec{v}_2$。在理解这些分量是以 A 的特征向量表示的基础上，我们可以简写为 $\vec{z} = [-0.788, -0.615]$。

此外，我们也可以用 A 的**特征基**（eigenbasis）来表示它[5]。结果表明，在用这种方法表示矩阵时，矩阵总是对角矩阵，主对角线上的元素由它的特征值组成。因此，对于前面的例

注 3：一项较新的研究结果实际上成功地将 HHL 对 ϵ 的依赖性改善到了 $poly(\log(1/\epsilon))$。

注 4：然而，正如第 9 章所讨论的，我们总是可以将 $n \times n$ 非厄米矩阵拓展为 $2n \times 2n$ 厄米矩阵。

注 5：意思是找到 A 必须拥有的元素，以便正确地关联以特征基表示的向量。

子，可以用特征基表示 A，如方程式 13-4 所示。

方程式 13-4 用特征基表示矩阵

$$A = \begin{bmatrix} 0.438 & 0 \\ 0 & 4.56 \end{bmatrix}$$

用特征基表示 A 对于求它的逆矩阵非常有用，这是因为求对角矩阵的矩阵太容易了。只需沿对角线对非零值求倒数即可。比如，我们可以像方程式 13-5 所示的那样求出 A^{-1}。

方程式 13-5 用特征基表示的矩阵的逆矩阵

$$A^{-1} = \begin{bmatrix} \dfrac{1}{0.438} & 0 \\ 0 & \dfrac{1}{4.56} \end{bmatrix} = \begin{bmatrix} 2.281 & 0 \\ 0 & 0.219 \end{bmatrix}$$

当然，我们应该注意到结果是 A 的特征基表示的 A^{-1}。我们可以保留这样的逆矩阵（假设想将它应用于也用 A 的特征基表示的向量），或者用原基重写它。

总之，如果能找到矩阵 A 的特征值，那么就可以算出 $\vec{x} = A^{-1}\vec{b}$，如方程式 13-6 所示。

方程式 13-6 通过矩阵的特征分解求逆矩阵的一般方法

$$\vec{x} = \begin{bmatrix} \dfrac{1}{\lambda_1} & \cdots & 0 \\ \vdots & \ddots & \vdots \\ 0 & \cdots & \dfrac{1}{\lambda_n} \end{bmatrix} \begin{bmatrix} \tilde{b}_1 \\ \vdots \\ \tilde{b}_n \end{bmatrix} = \begin{bmatrix} \dfrac{1}{\lambda_1}\tilde{b}_1 \\ \vdots \\ \dfrac{1}{\lambda_n}\tilde{b}_n \end{bmatrix}$$

其中，$\lambda_1, \cdots, \lambda_n$ 是 A 的特征值，我们使用 $\tilde{b}_1, \cdots, \tilde{b}_n$ 来表示 $\vec{b}$ 的分量，$\vec{b}$ 是用 A 的特征基表示的向量。

HHL 利用 QPU 的量子并行性来执行这种矩阵求逆运算。HHL 的输出寄存器正好包含方程式 13-6 所示的向量的振幅编码，即状态 $|i\rangle$ 的振幅为 $\tilde{b}_i / \lambda_i$。图 13-2 显示了图 13-1 的 HHL 框中的内容，从中可知 HHL 如何使用我们熟悉的 QPU 原语来生成方程式 13-6 中的输出状态。

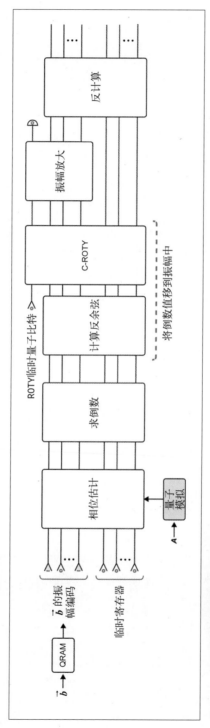

图 13-2: HHL 算法包含的原语概要示意图

HHL 需要其他输入寄存器来指定 A 的量子模拟所需的某些配置参数，不过图 13-2 没有明确地显示它们。

让我们逐步了解图 13-2 中的每个原语。

量子模拟、QRAM 和相位估计

我们已经知道相位估计原语能够高效地找到 QPU 运算的本征态和本征相位。你可能会猜想，它有助于使用特征分解方法来对矩阵求逆——你猜对了！

如图 13-2 所示，我们首先使用 QRAM 制备一个包含 $\vec{b}$ 的振幅编码的寄存器，接着通过量子模拟生成一个表示 A 的 QPU 指令。然后，对这两个资源应用相位估计原语，如图 13-3 所示。

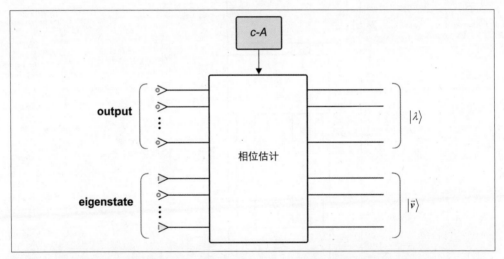

图 13-3：回顾相位估计原语。我们把从输出寄存器 output 中获得的本征相位当作矩阵 A 的特征值

图 13-3 帮助我们回顾两个寄存器被传递给相位估计原语的过程。下面的寄存器 eigenstate 接收一个输入，该输入指定 QPU 运算的本征态，我们希望它具有相应的本征相位。上面的寄存器 output（初始状态为 $|0\rangle$ 态）生成本征相位的表示。在本例中，本征相位是 A 的特征值。

可见，相位估计提供了 A 的特征值。但是如何得到所有的 n 个特征值呢？

执行 n 次相位估计会将 HHL 的运行时间减少到 $O(n)$，不过这不比传统算法快多少。我们可以向寄存器 eigenstate 输入一个均匀叠加值，并行计算特征值，从而在寄存器 output 中产生它们的均匀叠加值。但是假设我们采用一种稍微不同的方法，向寄存器 eigenstate 发送 $\vec{b}$ 的振幅编码，会怎么样呢？这会导致寄存器 output 处于 A 的特征值的叠加态，但又与寄存器 eigenstate 中的 $\vec{b}$ 的振幅编码纠缠在一起。

这将比均匀叠加特征值有用得多，因为在两个彼此纠缠的寄存器中，每个 $|\lambda_i\rangle$ 的振幅都是 $\tilde{b}_i$（多亏了寄存器 eigenstate）。但是根据方程式 13-6，这并不是我们想得到的解。寄存器 output 的状态代表 A 的特征值。我们真正想要的是这些特征值的倒数，而不是将它们保存在另一个寄存器中。也就是说，要得到它们与寄存器 eigenstate 的振幅相乘后的值。我们将在 HHL 中的下一步实现这种倒数计算和转换。

求倒数

图 13-2 中的第 2 个原语计算存储在两个处于纠缠态的寄存器中的每个 λ_i 的倒数。

在这一步结束时，寄存器 output 对仍与寄存器 eigenstate 纠缠的 $|1/\lambda_i\rangle$ 叠加态进行编码。为了计算编码为量子态的数值的倒数，我们在实践中使用了第 5 章介绍的一些算术原语。我们可以利用这些原语构造出多种计算 QPU 倒数的算法。一种可行的算法是使用牛顿逼近法求倒数。第 12 章提到过，无论采用什么方法，除法都是很难的。这个看似简单的操作需要大量的量子比特。算法中的各种操作不仅需要临时量子比特，而且处理倒数意味着我们必须以定点或浮点表示（还要处理溢出等情况）对所涉及的数值进行编码。事实上，这一步所需的开销导致了即使是最简单的 HHL 实现，其完整的代码示例也超出了本书能够合理呈现的范围。[6]（我们对此无能为力！）

无论如何，在这一步结束时，寄存器 eigenstate 将包含 $1/\lambda_i$ 的叠加值。

将倒数值移到振幅中

现在需要将 A 的特征值的倒数（经过状态编码）移到这个状态的振幅中。别忘了，的振幅编码仍然与该状态纠缠在一起。将这些特征值的倒数转换成状态振幅，将得到方程式 13-6 的最后一行，从而得到解向量 $|\vec{x}\rangle$ 的振幅编码。

实现这一步的关键是应用 C-ROTY（也就是条件 ROTY 指令，参考第 2 章）。具体地说，我们将这个条件运算的目标设置为一个新的临时量子比特（在图 13-2 中标记为 ROTY 临时量子比特），其初始状态为 $|0\rangle$ 态。我们能够证明（尽管不得不借助更多的数学方法），如果将这个 ROTY 条件设置在寄存器 output 存储的 $1/\lambda_i$ 值的反余弦上，那么当 ROTY 临时量子比特处于 $|1\rangle$ 态时两个寄存器的所有部分的振幅，正是我们所追求的 $1/\lambda_i$ 因子。

因此，该算法的移动步骤由两部分组成。

- 针对寄存器 output 的每个状态计算 $\arccos(1/\lambda_i)$ 的叠加值。这可以通过基本的算术原语来实现[7]，只不过同样需要大量额外的量子比特。

注 6：尝试在 QPU 上执行传统的算术运算可能导致如此大的开销，这一事实让人有些困惑，影响可能比较严重。

注 7：我们实际上需要在这个计算中包含一个常量，计算 $\arccos(C/\lambda_i)$，而不仅仅是 $\arccos(1/\lambda_i)$。由于这里没有完整地实现 HHL 算法，因此为简单起见，我们省略了这个常量。

- 对第一个寄存器和 ROTY 临时量子比特（初始化为 |0⟩ 态）执行 C-ROTY。

最后，如果 ROTY 临时量子比特处于 |1⟩ 态，那么我们就如愿以偿了。可以通过读取 ROTY 临时量子比特，看结果是否为 1 来确保这一点。遗憾的是，这种情况只会以一定的概率出现。为了提高获得所需结果的概率，我们可以使用另一个 QPU 原语，对 ROTY 临时量子比特执行振幅放大。

振幅放大
利用振幅放大，我们能够在读取 ROTY 临时量子比特时提高获得所需结果的概率，继而使寄存器 eigenstate 更有可能最终获得 $\tilde{b}_i / \lambda_i$ 振幅。

如果尽管使用了振幅放大，ROTY 临时量子比特的读取结果仍为 0，那么我们必须舍弃寄存器的状态，重新执行整个 HHL 算法。

反计算
假设之前的读取成功，寄存器 eigenstate 现在包含解向量 $\bar{x}$ 的振幅编码，这还没有完全结束。寄存器 eigenstate 不仅与寄存器 output 相纠缠，还与过程中引入的许多其他临时量子比特相纠缠。第 5 章提到过，目标状态与其他寄存器状态相纠缠是很麻烦的事。因此，我们应用反计算过程来解除寄存器 eigenstate 的纠缠态。关于反计算过程，可以回顾第 5 章的内容。

搞定了！寄存器 eigenstate 现在包含解除了纠缠态的 $\bar{x}$ 的振幅编码，你能够以本节开头建议的任何方式使用它。

HHL 是一个复杂的 QPU 应用。如果阅读一遍不能理解它，请不要感到失落。为了看到实际的算法如何使用 QPU 原语，花费再多的精力也是值得的。

13.2　量子主成分分析

量子主成分分析（quantum principal component analysis，QPCA）是主成分分析的 QPU 实现。QPCA 不仅为这个广泛使用的机器学习任务提供了一种更高效的方法，还可以作为其他 QML 应用的组成部分。与 HHL 一样，QPCA 依赖于 QRAM 硬件。在介绍 QPU 如何改进传统主成分分析之前，让我们先看看什么是主成分分析。

13.2.1　传统主成分分析

在数据科学和机器学习等领域，**主成分分析**（principal component analysis，PCA）是非常有用的工具。PCA 通常用作预处理步骤，它可以将输入的特征集转换为不相关的新特征集。可以根据数据方差大小对 PCA 产生的不相关特征进行排序。由于只保留了其中的一些新特征，因此 PCA 通常被用作降维技术。只保留前几个主成分可以减少需要处理的特征数量，同时尽可能保留数据中需要关注的差异点。

PCA 的过程在不同学科中有不同的名称，如卡 - 洛变换（Karhunen-Loève transform）或霍特林变换（Hotelling transform）。它也等价于奇异值分解。

理解 PCA 的一种常见的几何方法是将 m 个数据点（其中每个数据点由 n 个特征描述）想象为 n 维特征空间中的 m 个数据点的集合。在这个设定中，PCA 生成特征空间中 n 个方向的列表，将其排序，使得第一个方向是数据中方差最大的方向，第二个方向是方差第二大的方向，以此类推。这些方向是数据中所谓的**主成分**。为了阐释原理，我们采用简单的二维特征空间（$n=2$），如图 13-4 所示。

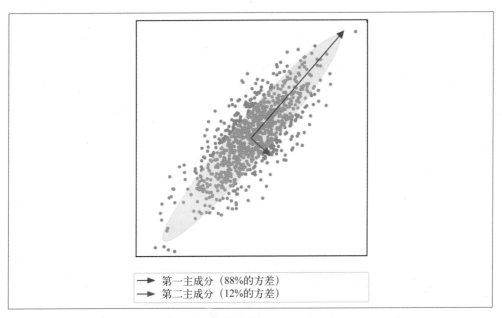

第一主成分（88%的方差）
第二主成分（12%的方差）

图 13-4：二维特征空间中 1000 个数据点的两个主成分。箭头的方向表示主分量向量，箭头的长度表示该方向上数据的方差

将 PCA 生成的主成分作为一组新特征，这样做的一个缺点是它们可能没有任何物理解释。然而，如果我们最终希望构建具有最大预测能力的模型，那么这可能不是我们最关心的问题。

虽然 PCA 的几何描述有助于直观理解，但要实际计算主成分，我们需要一个数学公式。首先计算相关数据集的协方差矩阵。如果将数据排列成 $m \times n$ 矩阵 X（其中每行对应于 m 个原始数据点中的一个，每列包含 n 个不同特征值中的一个），那么协方差矩阵 σ 可以由下面的方程式计算：

$$\sigma = \frac{1}{n-1} X^{\mathrm{T}} X$$

通过对协方差矩阵进行特征分解，可以方便地求出主成分。特征向量对应于主成分的方向，每个相关的特征值与主成分的数据方差成正比。如果想使用 PCA 进行降维，那么可以按照特征值递减的顺序重新排列特征向量，并且只选取最上面的 p 作为新的降维特征集。

在实际应用 PCA 时，在计算协方差矩阵之前对数据进行标准化是很重要的，因为 PCA 过程对数据的范围很敏感。一种常见的标准化技术是找出每个特征与其平均值的偏差，并通过数据的标准差来缩放结果。

PCA 中计算代价最高的步骤是对协方差矩阵 σ 进行特征分解。它与 HHL 一样需要找出特征值，这让我们马上想起了第 8 章介绍的相位估计原语。若使用得当，相位估计能帮助我们在 QPU 上进行 PCA。

13.2.2 用QPU进行主成分分析

你或许认为利用以下步骤能找到 PCA 所需的特征分解。

1. 将数据的协方差矩阵表示为 QPU 运算。
2. 对该 QPU 运算执行相位估计以确定其特征值。

然而，这个方法存在一些问题。

问题 1：σ 的量子模拟

在第 1 步，我们猜想量子模拟技术能够将协方差矩阵表示为 QPU 运算，就像它们对与 HHL 相关的矩阵所做的那样。遗憾的是，协方差矩阵很少满足量子模拟技术的稀疏性要求，因此我们需要一种不同的方法来找到 σ 的 QPU 运算表示。

问题 2：相位估计的输入

在第 2 步，如何得到我们需要的特征值和特征向量呢？回顾图 13-3，相位估计原语有两个输入寄存器，我们必须使用其中一个寄存器来指定想关联的本征相位（以及特征值）的本征态。可是得到 σ 的任何特征向量正是我们想用 QPCA 解决的问题的一部分！在 HHL 中使用相位估计时，我们避开了这个看似循环论证的问题，这是因为我们能够在本征态输入寄存器中使用 $|\vec{b}\rangle$。尽管我们不知道本征态 $|\vec{b}\rangle$ 究竟叠加了什么，但相位估计同时作用于它们，而无须了解它们。是否也有一些智能的本征态输入可用于 QPCA 呢？

通过引入一个关键技巧，我们可以一举解决上述两个问题。这个技巧就是在 QPU 寄存器（不是 QPU 运算）中表示协方差矩阵 σ 的方法。这个技巧提供的解决方案是相当曲折的（并且涉及数学），下面给出简短的描述。

1. 在 QPU 寄存器中表示协方差矩阵

在寄存器中表示矩阵，这对我们来说是全新的，此前我们花了很大的精力用 QPU 运算来表示矩阵。

我们只使用圆形表示法来描绘 QPU 寄存器，但偶尔会用到（复数值）向量进行完整的数学描述。不过尽管我们小心地避免了引入表示法，但其实针对 QPU 寄存器有一种**更通用**的数学描述，它使用矩阵作为**密度算子**（density operator）[8]。密度算子的详细信息远远超出了本书范畴（不过第 14 章提供了一些参考资料），但是对于 QPCA 来说重要的是，如果我们有 QRAM 访问数据，那么就存在一个初始化 QPU 寄存器的技巧，使得它的密度算子描述正好是数据的协方差矩阵。在 QPU 寄存器的密度算子描述中，虽然这样编码矩阵通常不是很有用，但对于 QPCA，它为我们提供了解决前述两个问题的方法。

QPCA 用来将协方差矩阵表示为密度算子的技巧之所以有效，是因为协方差矩阵总以格拉姆矩阵的形式存在，这意味着对于某个矩阵 V，可以写为 V^TV 的形式。而对于其他矩阵来说，这就不是一个有用的技巧了。

2. 解决问题 1

把协方差矩阵放在 QPU 寄存器的密度算子中，我们就可以采用一个技巧：利用第 3 章介绍的 SWAP 运算在寄存器编码 σ 和第二个寄存器之间重复执行一种部分"迷你 SWAP"（量子叠加意义上的部分交换）。尽管我们不会详细讨论如何修改 SWAP 来执行这个迷你 SWAP 子例程，但实践证明，使用它可以有效地在第二个寄存器上实现 σ 的量子模拟[9]。这正是我们通常使用更标准的量子模拟技术所能达到的效果[10]，只有这种迷你 SWAP 方法才能奏效，即使 σ 不是稀疏的，只要它是低秩的就可以。尽管这个技巧要求我们重复地应用 SWAP 运算（并因此重复地重新编码 σ 作为 QPU 寄存器的密度算子），但它仍然被证明是有效的。

矩阵的秩是其线性无关列的数量。因为 σ 的列是数据的特征，所以说协方差矩阵"低秩"意味着数据实际上被整个特征空间中的一些较小的子空间很好地描述了。我们需要描述的这个子空间的特征数就是 σ 的秩。

3. 解决问题 2

实践表明，σ 的密度算子表示正是相位估计本征态输入寄存器中供我们使用的正确状态。由相位估计原语输出的本征态寄存器将 σ 的一个特征向量（主成分之一）进行编码，并且输出寄存器将相应的特征值（主成分相应的方差的值）进行编码。严谨地说，我们得到的主成分、特征值－特征向量对是随机决定的，但得到给定主成分的概率通常由其方差确定。

注 8：比起使用复数向量或圆形表示法，密度算子能够更通用地描述 QPU 寄存器的状态，因为它们允许寄存器不仅可处于叠加态，而且在描述叠加是什么时可受到一些统计不确定性的影响。这些包含统计不确定性的量子态通常称为混合态。

注 9：有关如何构建此操作，以及如何实现此类量子模拟的更多技术细节，请参见论文"Quantum Principal Component Analysis"。

注 10：注意，这种将矩阵表示为 QPU 运算的迷你 SWAP 方法并不总是比量子模拟方法好。它只在这种场景中表现得很好，因为协方差矩阵正好被简单地编码在 QPU 寄存器的密度算子中，而且多亏了它们是以格拉姆矩阵的形式存在的。

加上这些修复细节后，QPCA 的完整示意图如图 13-5 所示。

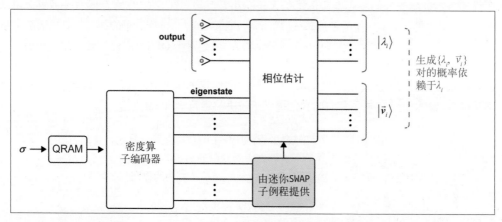

图 13-5：QPCA 示意图

图 13-5 展示了迷你 SWAP 子例程使用密度算子执行量子模拟的能力。请注意，密度算子编码器必须运行多次，它的输出必须传递给迷你 SWAP 子例程，这个子例程提供了相位估计原语所需的条件 QPU 运算（参考第 8 章）。还要注意，密度算子编码器的一次运行结果被输入到相位估计原语的本征态寄存器中。

我们使用术语**密度算子编码器**指代将协方差矩阵表示为寄存器的密度算子的过程。这里不会详细介绍编码器是如何工作的，但是图 13-5 展示了如何使用这种能力，将相位估计原语转换为 PCA 任务。

4. 输出
至此，算法能返回我们所需的与数据的一个（随机选择的）主成分相关的所有信息，这个主成分最有可能是方差最大的成分（正是我们在使用 PCA 时经常关心的成分）。但是主成分及其方差都存储在 QPU 寄存器中，有必要再次提醒：解是以量子形式输出的。不过与 HHL 的情况一样，我们仍然可以读取有用的派生属性。此外，还可以进一步将 QPU 寄存器状态传递给其他 QPU 应用程序。在这些 QPU 应用程序中，解的量子性质或许能派上用场。

5. 性能
传统 PCA 算法的运行时间为 $O(d)$，其中 d 是我们希望执行 PCA 的数据集的特征数。

相比之下，QPCA 的运行时间为 $O(R \log d)$，其中 R 是协方差矩阵 σ 的最低秩可接受近似值（也就是允许我们将数据表示为可接受近似值的特征的最小数量）。在 $R < d$ 的情况下（主成分的低秩近似很好地描述了数据），QPCA 比传统方法的运行时间有指数级的提升。

QPCA 的运行时间佐证了我们先前的断言，即它只对低秩协方差矩阵有性能提升效果。这项要求并不像看上去那么严格。我们通常使用 PCA 来处理服从低秩近似的数据，对于其他数据，可以考虑用主成分的子集来表示。

13.3　量子支持向量机

量子支持向量机（quantum support vector machine，QSVM）向我们展示了 QPU 如何实现监督机器学习应用。与传统的监督学习模型一样，QSVM 必须在特征空间中具有已知分类的点上进行训练。然而，QSVM 附带了一些非传统的约束。首先，QSVM 要求使用 QRAM 访问处于叠加态的训练数据。其次，描述训练所得模型（用于之后的分类）的参数是在 QPU 寄存器中产生的振幅编码。这意味着在利用 QSVM 时必须特别小心。

13.3.1　传统支持向量机

支持向量机（support vector machine，SVM）是一种广泛应用的监督分类器。与其他线性分类器一样，SVM 使用训练数据在特征空间中找到将问题分类到不同输出类别的超平面。一旦 SVM 学到了这样的超平面，我们就可以通过检查特征空间中的一个新数据点位于超平面的哪一边来进行分类。举一个简单的例子，假设只有两个特征（因此特征空间是二维的），而且进一步假设数据只有两个可能的输出类别。在这种情况下，我们寻找的超平面是一条线，如图 13-6 所示，其中横轴和纵轴分别表示两个特征的值。我们使用蓝色和红色来表示两个输出类别的训练数据。

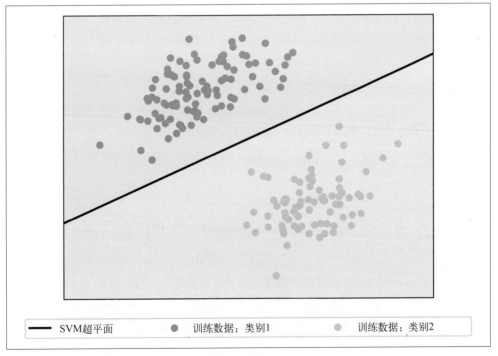

图 13-6：SVM 超平面示例，用于解决具有两个特征的二分类问题

SVM 如何从训练数据中学到合适的超平面呢？从几何角度说，我们可以把 SVM 的训练过程看作用两个平行的超平面分开训练数据类别，并试图使这两个超平面之间的距离最大化。如果在二者中间选择第三个超平面作为分类器，我们将得到在训练类别之间具有最大间隔的分类超平面。由 SVM 学习的优化超平面使用法向量 $\vec{w}$ 和偏移量 $\vec{b}$ 进行数学上的描述 [11]。了解到超平面的这种描述后，我们根据以下规则预测新数据点 $\vec{x}$ 的类别：

$$class = sign(\vec{w} \cdot \vec{x} - b)$$

这个方程式从数学角度确定了新的点位于超平面的哪一边。

尽管前面关于寻找最优超平面的描述可能更容易可视化，但出于计算目的，我们通常考虑使用 SVM 训练过程的**对偶形式**（dual formulation）[12]。对偶形式对于描述 QSVM 更有用，它需要针对一组参数 $\vec{a} = [\alpha_1, \cdots, \alpha_m]$ 求解二次规划问题。具体地，找到 SVM 的最优超平面相当于找到使方程式 13-7 中表达式最大化的。

方程式 13-7 SVM 优化问题的对偶描述

$$\sum_i \alpha_i y_i - \frac{1}{2} \sum_i \sum_j \alpha_i \vec{x}_i \cdot \vec{x}_j \alpha_j$$

这里，$\vec{x}_i$ 是特征空间中的第 i 个训练数据点，y_i 则是相关的已知类别。如果我们泛化 SVM，就会知道训练数据点之间的内积 $\vec{x}_i \cdot \vec{x}_j = K_{ij}$ 的集合起到特殊作用（稍后讨论），并且通常被汇总到一个矩阵中，这个矩阵叫作**核矩阵**（kernel matrix）。

找到一个满足此表达式且满足 $\sum_i \alpha_i = 0$ 和 $y_i \alpha_i \geq 0 \forall i$ 约束的 $\vec{a}$，会得到恢复最优超平面参数 $\vec{w}$ 和 b 所需的信息。实际上，可以根据方程式 13-8 直接用 $\vec{a}$ 对新的数据点进行分类，其中，截距 b 也可以根据训练数据计算得出 [13]。

方程式 13-8 用于对偶表示 SVM 的分类规则

$$sign(\sum_i \alpha_i \vec{x}_i \cdot \vec{x} - b)$$

我们将讨论的一个要点是，在 QSVM 对一个新的数据点 $\vec{x}$ 分类之前，需要计算它与每个训练数据点的点积 $\vec{x} \cdot \vec{x}_i$。

我们不会再深入研究这些方程式的详细推导或用法；相反，我们将看到，如果能够访问

注 11：这些参数通过方程式 $\vec{w} \cdot \vec{x} - b = 0$ 来描述超平面，其中 $\vec{x}$ 是特征值的向量。

注 12：优化问题往往有这样一种更容易处理的对偶形式。值得注意的是，有时这些对偶形式可能与原始的优化问题略微不同。

注 13：其实，b 可以由定义边距的两个平行超平面的其中一个上的训练数据计算得出。位于这些超平面上的点被称为支持向量。

QPU，就可以更高效地执行所需的运算。

SVM 泛化

值得注意的是，目前所描述的 SVM 仅限于某些分类问题。我们的讨论假设要建模的数据是**线性可分**的，也就是说，肯定存在一个超平面，它可以完全、明确地将数据分为两个类别。当然，通常情况并非如此。尽管线性分隔数据仍然可以提供很好的拟合，但不同类别的数据在特征空间中可能有些重叠，如图 13-7 所示。

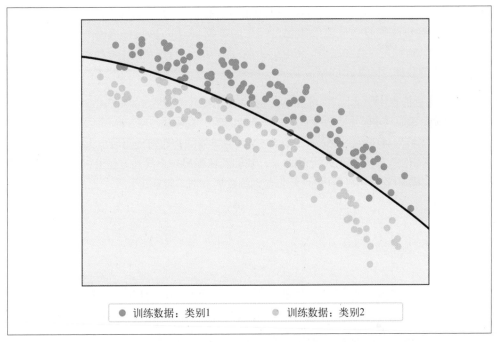

图 13-7：无法用线性 SVM 模型拟合的数据——不同类别的训练数据在特征空间中重叠，而且正确
　　　　的决策边界明显是非线性的

SVM 通过在训练过程中引入**软间隔**（soft margin）来处理这种情况。我们不会在这里展开说明，不过稍后提到的 QPU 加速适用于软间隔 SVM。

即使是软间隔 SVM，也仍然受限于数据的线性分离。在某些情况下，一个简单的超平面也许不能很好地分隔数据。在这种情况下，可以尝试将特征空间嵌入到一个更高维度的空间中。如果仔细地执行这个嵌入，也许就能在高维空间中找到一个超平面，它可以有效地将数据分类。换句话说，我们使用 $n+m$ 维超平面到 n 维特征空间的投影，因为线性的 $n+m$ 维超平面可以具有非线性的 n 维投影。这种非线性 SVM 如图 13-7 所示。虽然这听起来像是要对 SVM 训练过程进行复杂的修改，但事实证明这种非线性泛化很容易实现。通过用精心选择的核矩阵替换方程式 13-7 中内积的核矩阵，我们能够封装更高维的非线性间隔。这种扩展通常被称为训练具有**非线性核**（nonlinear kernel）的 SVM。

13.3.2　用QPU实现支持向量机

在 SVM 模型的训练和基于训练模型的分类方面，现有 QPU 算法的性能都有了一定程度的提升。在这里，我们只概述如何使用 QPU 来高效地训练 QSVM 模型。使用传统算法训练传统 SVM 模型的最佳运行时间为 $O(poly(m, n))$，其中 m 是训练数据点的个数，n 是描述每个点的特征的数量。与之相比，训练 QSVM 模型的运行时间为 $O(\log(mn))$。

利用 QPU 训练 QSVM

能否在训练 SVM 时获得量子优势取决于我们能否接受一个完全的量子模型。我们的意思是，一个经过训练的 QSVM 是一组包含超平面参数 $\vec{w}$ 和 b 的振幅编码的 QPU 寄存器。尽管这些参数被锁定在叠加态中，但它们仍然可以用于在特征空间中对新点进行分类，只要这些新点的数据可以通过 QRAM 访问。

用 m 个训练数据点 $\{\vec{x}_i, y_i\}_{i=1}^m$ 训练 SVM，要求我们找到方程式 13-7 所述二次规划问题中 $\vec{a}$ 的最优解。使用 QPU 加速似乎是一个棘手的问题。不过有一种 SVM 训练问题的变体叫作**最小二乘支持向量机**（LS-SVM），它将 SVM 分类器的构建转化为最小二乘优化问题[14]。因此，为了解出 SVM 对偶形式所需的 $\vec{a}$，我们现在提出一个线性方程组，其解由方程式 13-9 所示的矩阵方程给出（其中 $\vec{y}$ 是包含训练数据类别的向量）。

方程式 13-9　LS-SVM 方程式

$$\begin{bmatrix} b \\ \vec{\alpha} \end{bmatrix} = F^{-1} \begin{bmatrix} 0 \\ \vec{y} \end{bmatrix}$$

这看起来更像是使用 HHL 算法实现的 QPU 加速。矩阵 F 由训练数据内积的核矩阵 K 构成，如方程式 13-10 所示。

方程式 13-10　从核矩阵构造矩阵 F

$$F = \begin{bmatrix} 0 & 1^T \\ 1 & K + \dfrac{1}{\gamma} \mathbb{1} \end{bmatrix}$$

方程式中的 γ 是模型的实数超参数（在实践中是通过交叉验证来确定的），$\mathbb{1}$ 是单位矩阵，我们用 1 来表示有 m 个 1 的向量。一旦通过 F 计算出 $\vec{a}$ 和 b 的值，就可以像使用标准的 SVM 模型一样，基于方程式 13-8 中的准则，使用 LS-SVM 对新的数据点进行分类。

要使用 HHL 算法高效地求解方程式 13-9 并返回寄存器的振幅编码 $|b\rangle$ 和 $|\vec{a}\rangle$，需要解决以下几个关键问题。

注 14：SVM 和 LS-SVM 之间存在一些细微的差异，不过在一定的合理条件下两者是等价的。

问题 1：F 是否适用于 HHL？

换句话说，矩阵 F 的类型是可以用 HHL 求逆的吗？（是否为厄米矩阵？是否足够稀疏？）

问题 2：如何在 $[0, \vec{y}]$ 上应用 F^{-1}？

如果能使用 HHL 算出 F^{-1}，那么如何确保它能如方程式 13-9 所要求的那样正确地应用于向量 $[0, \vec{y}]$？

问题 3：如何对数据进行分类？

即使解决了问题 1 和问题 2，我们仍然需要一种方法来利用已获得的 b 和 $\vec{a}$ 的量子表示训练未来获得的数据。

让我们依次解决这些问题，并最终说明 QSVM 的训练确实可以利用 HHL 算法。

问题 1：F 是否适用于 HHL？

不难看出 F 是厄米矩阵，我们可以用第 9 章介绍的量子模拟技术将其表示为 QPU 运算。如前所述，虽然厄米矩阵是必要条件，但不足以保证矩阵能有效地用于量子模拟。不过我们也可以看到，F 形式的矩阵可以分解成矩阵的和，分解后的每个矩阵都满足量子模拟技术的所有要求。因此，我们可以用量子模拟来找出代表 F 的 QPU 运算。注意，F 的非零元素由训练数据点之间的内积组成。为了高效地使用量子模拟将 F 表示为 QPU 运算，我们需要能够使用 QRAM 访问训练数据点。

问题 2：如何在 $[0, \vec{y}]$ 上应用 F^{-1}？

如果使用 HHL 来找出 F^{-1}，那么我们可以在算法的相位估计阶段处理这个问题。我们将训练数据类别的向量 $|\vec{y}'\rangle$ 的振幅编码输入相位估计的本征态寄存器。这里使用 $|\vec{y}'\rangle$ 来表示对向量 $[0, \vec{y}]$ 振幅编码的 QPU 寄存器状态。再次假设我们有使用 QRAM 访问训练数据类别的权限。正如 13.1 节一开始解释 HHL 时所描述的逻辑，$|\vec{y}'\rangle$ 可以被认为是 F 的叠加本征态。因此，在应用 HHL 算法后，我们会发现 $|F^{-1}\vec{y}\rangle$ 包含在最终的输出寄存器中，它正好等于我们想要的解：$|b, \vec{a}\rangle$。因此，不必做任何画蛇添足的事情，HHL 会输出应用于所需向量的 F^{-1}，就像最初使用它求解更通用的线性方程组时一样。

问题 3：如何对数据进行分类？

假设有一个新的数据点 $\vec{x}$，我们想用经过训练的 QSVM 对它进行分类。回想一下，"经过训练的 QSVM"实际上只意味着能访问状态 $|b, \vec{a}\rangle$。只要 QRAM 能够访问新的数据点 $\vec{x}$，我们就可以有效地进行分类。对新点进行分类需要计算方程式 13-8。这就又涉及计算 $\vec{x}$ 与所有训练数据点 $\vec{x}_i$ 的内积，并计算以 LS-SVM 双超平面参数 α_i 为权重的乘积。我们可以计算内积的叠加值，并这样计算方程式 13-8：使用在地址寄存器中的 LS-SVM 状态 $|b, \vec{a}\rangle$，该寄存器用于保存对包含训练数据的 QRAM 的查询。我们将得到一个包含 α_i 振幅的训练数据叠加态。在另一个寄存器中，对包含新数据点 $\vec{x}$ 的 QRAM 执行查询。

有了这两种状态，我们可以执行一个特殊的交换测试子例程。这个子例程将两个 QRAM 查询产生的状态组合成纠缠叠加态，然后执行精心构造的交换测试（参考第 3 章），这里不再赘述。回想一下，除了告诉我们两个 QPU 寄存器的状态是否相等，交换测试中所涉及的读操作的实际成功率 p 还取决于两个状态的**保真度**——这个定量指标精确测量它们之间的相近程度。我们在这里使用的交换测试是精心构造的，因此读到 1 的概率 p 反映了在方程式 13-8 中需要的符号。具体来说，如果读到的值为 +1，则 $p = 1/2$。通过重复交换测试并计算 0 和 1 的结果，我们可以将概率 p 的值估计到所需的精度，并相应地对数据点 $\bar{x}$ 进行分类。

因此，我们能够根据图 13-8 所示的示意图来训练和使用量子 LS-SVM 模型。

图 13-8 没有深入研究交换测试子例程的数学细节，只是非常笼统地展示了 LS-SVM 训练过程。注意，图中没有展示交换测试子例程的所有细节，只是着重展示了关键的输入状态。这能帮助我们理解书中介绍的 QPU 原语起到的关键作用。

关键的一步是用一种非常适合使用 QPU 的技术（特别是矩阵求逆）来重新计算 SVM 问题。这体现了本书的中心思想——在了解 QPU 擅长的事情的基础上，结合领域专业知识，可能会启发我们发现新的 QPU 应用，只需将现有的问题以 QPU 兼容的形式呈现出来即可。

13.4　其他机器学习应用

到目前为止，量子机器学习仍然是一个非常活跃的研究领域。本章给出了 3 个典型的应用示例，但是该领域依然源源不断地出现新的进展。与此同时，传统的机器学习方法也正受到 QPU 算法的启发——就在我们撰写本书的这段时间里，本章介绍的所有 QML 应用都启发了传统算法，并取得了相似的性能提升[15]。这些成果应该能够增强你对 QML 的信心：如果没有 QPU 算法的启发，这些成果是不可能被人发现的，这说明 QML 应用有着深远和超乎人们想象的影响[16]。由于篇幅所限，还有许多其他的 QML 应用没有提及，其中包括线性回归[17]、无监督学习[18]、玻尔兹曼机[19]、半定规划[20] 和量子推荐系统[21] 等高效的 QPU 应用。

注 15：关于 HHL，详见"Quantum-inspired Sublinear Classical Algorithms for Solving Low-rank Linear Systems"。关于 QPCA 和 QSVM，详见"Quantum-inspired Classical Algorithms for Principal Component Analysis and Supervised Clustering"。

注 16：其实这些 QPU 算法可能比我们想象的要实用，请参见"Quantum-inspired Algorithms in Practice"。

注 17：请参见"The Power of Block-encoded Matrix Powers: Improved Regression Techniques via Faster Hamiltonian Simulation"。

注 18：请参见"Quantum Algorithms for Supervised and Unsupervised Machine Learning"。

注 19：请参见"Quantum Deep Learning"。

注 20：请参见"Quantum SDP Solvers: Large Speed-ups, Optimality, and Applications to Quantum Learning"。

注 21：请参见"Quantum Recommendation Systems"。

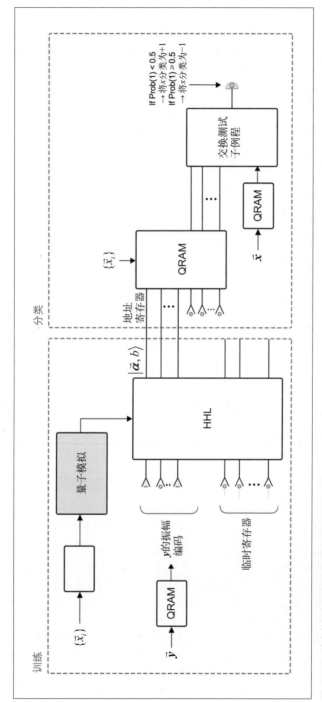

图 13-8: 在训练阶段和分类阶段使用 QSVM

第四部分

展望

第14章

保持领先：文献指引

我们希望你能够有兴趣钻研本书提出的计算问题。在本书的最后，我们将简要介绍一些之前受限于篇幅还没有讨论的主题，并为如何进一步学习这些主题提供一些指导。我们不会深入探讨，因为本章的目的是将你迄今所学的知识与超出本书范畴的主题有机地联系起来。你通过本书了解到的知识仅仅是探索量子编程的第一步！

14.1　从圆形表示法到复向量

我们在整本书中用来表示 QPU 寄存器状态的符号 $|x\rangle$ 是**狄拉克符号**（bra-ket notation）。之所以如此命名，是为了纪念 20 世纪著名物理学家保罗·狄拉克。在整个量子计算文献中，用来表示量子态的是这个符号，而不是圆形表示法。第 2 章提到过，这两个符号之间存在等价性。为了帮助你理解，有必要在此多做一些介绍。单量子比特寄存器中的叠加态一般可以用狄拉克符号表示为 $\alpha|0\rangle+\beta|1\rangle$，其中 α 和 β 是状态的振幅，它们表示满足方程 $|\alpha|^2+|\beta|^2=1$ 的复数。在圆形表示法中，每个值的强度和相对相位分别为复数 α 和 β 的**模**（modulus）和**辐角**（argument）。从 QPU 寄存器读取给定二进制输出值结果的概率为描述该值振幅的复数模的平方。例如，在单量子比特的情况下，$|\alpha|^2$ 是读取结果为 0 的概率，$|\beta|^2$ 是读取结果为 1 的概率。

描述 QPU 寄存器状态的复向量具有一些非常特殊的数学性质，这意味着可以说它存在于被称为**希尔伯特空间**的结构中。你可能不需要知道那么多关于希尔伯特空间的知识，但你可能已经多次听过这个术语了，它主要是指代表给定 QPU 寄存器的可能复向量的集合。

在单量子比特的情况下，一种参数化 α 和 β 的常用方法是 $\cos\theta|0\rangle+e^{i\Phi}\sin\theta|1\rangle$。该表达式中的两个变量 θ 和 Φ 可以解释为**布洛赫球**面上的角度。第 2 章提到过，布洛赫球提供了对单

量子比特状态的可视化表示。遗憾的是，它与圆形表示法不同，很难用来可视化具有多个量子比特的寄存器。

关于量子比特的状态，书中未提及的另一个复杂问题就是**混合态**（mixed state），它在数学上用密度算子来表示（第 13 章简要提到过密度算子）。本书一直探讨的是 QPU 寄存器的**纯态**（pure state），而混合态是纯态的一种统计混合（混合态用于描述不确定量子比特究竟处于什么叠加态的情况）。在某种程度上，用圆形表示法表示混合态是可行的，但是如果有带纠错功能的 QPU（稍后将详细介绍），那么纯态足以帮助你开始 QPU 编程了。

多量子比特寄存器的可视化在大多数教科书和学术参考文献中并不常见，QPU 寄存器通常仅由复向量表示 [1]，表示 n 个量子比特所需向量的长度为 2^n（正如用圆形表示法表示 n 个量子比特所需的圆的数量为 2^n）。在列向量中记下 n 量子比特寄存器状态的振幅时，状态 $|00...0\rangle$ 的振幅通常放在上面，其余可能的状态按二进制升序排列在下面。

QPU 运算由作用在这些复向量上的幺正矩阵来描述。由于矩阵的书写顺序是从右到左（与从左到右书写量子电路图的方式正好相反），因此作用于复向量的第一个矩阵对应于电路图中的第一个门（最左的门）。方程式 14-1 给出了一个简单的例子，其中非门（在文献中通常也被称为 X）被应用于状态为 $\alpha|0\rangle+\beta|1\rangle$ 的输入量子比特。我们可以看到它如何像预期的那样翻转 α 和 β 的值。

方程式 14-1　以标准复向量表示法展示作用于量子比特的非门

$$\begin{bmatrix} 0 & 1 \\ 1 & 0 \end{bmatrix}\begin{bmatrix} \alpha \\ \beta \end{bmatrix} = \begin{bmatrix} \beta \\ \alpha \end{bmatrix}$$

单量子比特门用 2×2 矩阵表示，因为它们用两个条目转换向量，对应于单量子比特寄存器的值 0 和 1。双量子比特门用 4×4 矩阵表示，通常 n 量子比特门用 $2^n\times2^n$ 矩阵表示。图 14-1 展示了一些最常用的单量子比特门和双量子比特门的矩阵表示。如果你对矩阵乘法有一定的了解，并且真的想测试自己的理解程度，那么可以尝试预测这些运算作用于不同输入状态的结果，并查看你的预测是否与在 QCEngine 的圆形表示法中看到的结果一致。

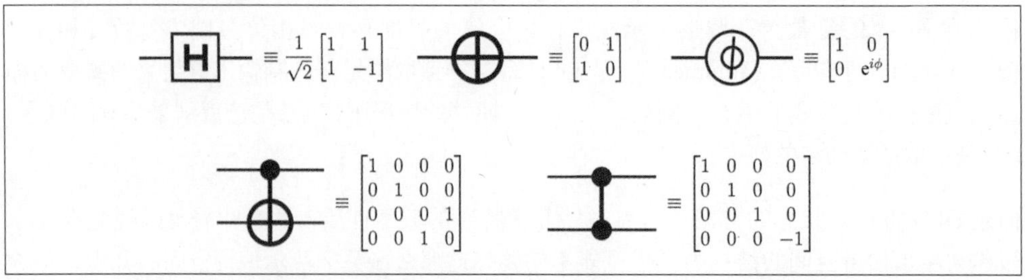

图 14-1：最基本的单量子比特门和双量子比特门的矩阵表示

注 1：不过，在第 13 章中，混合态是由被称为密度算子的矩阵表示的，而不是向量。

14.2　与术语有关的一些细节和注意事项

以下针对本书使用的术语补充一些细节。

- 在整本书中,我们把量子计算出现之前的计算称为"传统计算",你也可能听过有人用"经典"一词来描述不使用 QPU 寄存器的传统二进制计算。
- 我们经常使用所谓的**临时量子比特**来帮助执行某些量子计算。在许多量子计算资料中,临时量子比特有另一种叫法:**附属量子比特**(ancilla qubit)。
- 第 2 章介绍了以角度为输入参数的 PHASE 门。在本书中,我们用**度**(degree)来表示角度,其范围是 $0° \sim 360°$。许多量子计算文献以**弧度**(radian)来指定角度。弧度是一个角度单位,弧长等于半径的弧,其所对的圆心角为 1 弧度。下表以两种单位显示了常用的角度。

度	$0°$	$45°$	$90°$	$135°$	$180°$	$225°$	$270°$	$315°$
弧度	0	$\dfrac{\pi}{4}$	$\dfrac{\pi}{2}$	$\dfrac{3\pi}{4}$	π	$\dfrac{5\pi}{4}$	$\dfrac{3\pi}{2}$	$\dfrac{7\pi}{4}$

- 在 3 种情况下,PHASE 门有专有名称。

角度(弧度)	$\dfrac{\pi}{4}$	$\dfrac{\pi}{2}$	π
名称	T	S	Z

- 第 6 章介绍了 AA 原语。这个原语(更具体地说就是镜像操作)能够放大寄存器中标记状态的振幅,从而提高读出该寄存器的概率。尽管这个术语听起来很简单,但值得注意的是,在学术文献中,AA 迭代通常被称为**格罗弗迭代**,AA(振幅放大)这种说法专门针对一类可以使用格罗弗迭代来提高成功率的通用算法。
- QPU 寄存器的特定配置(例如它可能存在的叠加态或纠缠态)通常被称为寄存器的状态。这个术语来源于这样一个事实:寄存器的配置实际上是由数学意义上的量子态来描述的(即使我们选择使用圆形表示法更方便地可视化寄存器)。
- 在描述一个处于叠加态的 N 量子比特寄存器时(也就是说,它有 2^N 个可能的整数值),我们经常将每个可能值及其相关的振幅称为叠加中的值。不过,更常见的叫法是**项**(term)。举个例子,可以这样说:QPU 寄存器叠加中"$|4\rangle$ 项"的振幅。如果考虑用合适的狄拉克符号表示 QPU 寄存器,那么这个术语是有意义的,因为 $|4\rangle$ 及其振幅实际上是数学表达式中的**一项**。在大部分内容中,本书避免用**项**这个表达方式,仅仅是为了避免涉及它的数学含义。
- QPU 运算有时被称为**量子门**,这种说法借鉴了传统计算中的逻辑门。你可以认为"QPU运算"和"量子门"这两个术语是同义的。一组量子门形成一个量子电路。

14.3　测量基

在量子计算中有一个流行的概念，但是本书小心地避免提及它，这个概念就是**测量基**（measurement basis）。为了更透彻地理解量子计算中的测量，实际上需要掌握量子理论的完整数学机制，受限于篇幅，我们不想展开讨论。本书的目的是帮你直观地理解进行 QPU 编程所需的概念，关于测量基的更深入的讨论，请参阅本章末尾的推荐资源。不过，我们接下来将试着简要介绍测量基的核心思想与我们使用的概念和术语之间的关系。

无论在哪里使用 READ 指令，我们都假设它会给出 0 或 1 的答案。这两个答案分别对应于 $|0\rangle$ 态和 $|1\rangle$ 态，也就是说，这两个状态总是分别给出 0 或 1 的结果。从技术角度来说，这两个状态是 PHASE(180) 运算的本征态[2]（有时也称为 Z 门）。当进行"Z 基读取"之后，描述 QPU 寄存器的复向量将最终处于这两个状态之一。我们将这种情况描述为把 QPU 寄存器投影到这些状态中的一个状态[3]。虽然到目前为止我们只考虑了 Z 基的测量，但这并不是唯一的选择。

不同的测量基就像我们问 QPU 状态的不同问题。对于 READ，我们可能要问的问题是，系统在某些 QPU 运算中处于哪个本征态。这听起来可能非常抽象，但在量子力学中，这些运算及其本征态确实有物理意义，理解它们的确切性质需要对底层物理有更深入的理解。到目前为止，我们只在 Z 基上进行了测量，实际上我们一直在问这样一个问题：QPU 寄存器是处于 PHASE(180) 对应的特征值为 +1 的本征态，还是处于特征值为 -1 的本征态？即使 QPU 寄存器处于叠加态，在读取之后它也会假设值为其中一个。

针对另一个基执行 READ 运算相当于询问 QPU 寄存器处于某个其他 QPU 运算的哪个本征态。在读取后，QPU 寄存器将最终处于该 QPU 运算的本征态之一。

如第 13 章所述，由于 QPU 寄存器的状态可以被认为是任意 QPU 运算的叠加本征态，因此将 QPU 寄存器状态的复向量表示写在某个运算 U 的特征基中，可以计算出测量基 U 中的各种读取概率。测量基技术的一个有趣的特性是，在一个基上测量时总是具有相同测量结果（100% 概率）的状态，在不同的基上却并非如此，可能仅以一定的概率产生每个结果。例如，我们多次看到，当读取状态 $|+\rangle = \frac{1}{\sqrt{2}}|0\rangle + \frac{1}{\sqrt{2}}|1\rangle$ 时，我们在 Z 基上测量将会有 50% 的概率得到 0，同时有 50% 的概率得到 1。然而，如果在 X（NOT 运算）基上测量，我们总是得到 0，这是因为 $|+\rangle$ 恰好是 X 的本征态。因此，从测量基 X 上看，状态根本不是叠加的。

注 2：要复习关于本征态的内容，请重温第 8 章。

注 3：这里的"投影"具有数学意义。数学中的投影算子从线性组合中"选出"某些向量。在量子力学中，Z 基读取的作用是将表示 QPU 寄存器的复向量"投影"到表示 $|0\rangle$ 或 $|1\rangle$ 的复向量上。

14.4 门的分解与编译

受控运算在本书中发挥了重要的作用，你可能想知道如何实现这些运算。需要特别说明的情况如下。

- 作用于目标量子比特的受控运算是除 NOT 和 PHASE 之外的其他运算。
- 门同时控制多个量子比特。

为简洁起见，我们经常在电路图中把这类运算画成单一的图示单元。但是一般来说，它们不会对应于 QPU 硬件上的原生指令，而是需要基于更基本的 QPU 运算来实现。

幸运的是，复杂的条件运算可以写成一系列的单量子比特运算和双量子比特运算。图 14-2 展示了受控 QPU 运算的一般分解方式（对应于量子计算数学中的一般幺正矩阵）。此分解中的组成操作需要加以选择，使得 A、B 和 C 满足 $U=e^{i\alpha}AXBXC$（其中 X 是非门），并且直接依次执行 $A \cdot B \cdot C$，整体上对 QPU 寄存器状态没有影响。

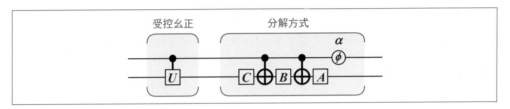

图 14-2：受控幺正的一般分解方式

如果能找到满足上述要求的 A、B、C 和 α，那么就可以有条件地执行运算 U。通过这种做法，有时可能有不止一种方法可以分解条件运算。

如果条件运算同时受多个量子比特的条件约束，那么又该如何处理呢？我们看一个例子，图 14-3 显示了实现受两个量子比特控制的 CCNOT（托佛利门）的 3 种分解方式。

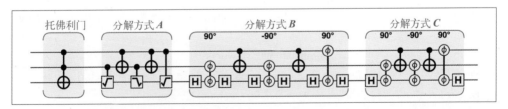

图 14-3：托佛利门可以被分解为更基本的运算

你可能已经注意到，图 14-3 所示的 3 种分解方式都遵循相同的模式。这不是 CCNOT 所特有的，任何**控控运算**（controlled-controlled operation，即以其他两个量子比特为条件的运算）都具有类似的分解方式。图 14-4 表明，如果能够找到满足 $V^2=U$ 的 QPU 运算 V（也就是对寄存器应用两次 V 与应用一次 U 的效果相同），就可以实现受两个量子比特控制的 QPU 运算的一般方法。

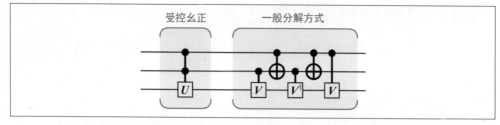

图 14-4：控控幺正的一般分解方式

注意，在构建图 14-4 中的受控运算 V 时，可以将图 14-3 作为参考。

用简单的 QPU 原语和运算来找到 QPU 算法的最优分解方式并不容易。量子编译领域的重点是寻找 QPU 算法的快速实现。本章稍后将提到有关量子编译的更多细节。

14.5　隐形传态门

在第 4 章中，我们使用量子隐形传态协议引出了本书使用的概念和符号。虽然在大多数 QPU 应用中，信息的远程传送不是很重要，但 QPU 运算的远程传送能力通常是很重要的。这使得有两方可以在一个 QPU 寄存器上执行运算，即使双方中没有任何一方能够在同一个地方访问状态，也可如此。就像我们在第 4 章中学习的隐形传态协议一样，这个技术需要使用一对彼此纠缠的量子比特。

14.6　QPU名人堂

对于本书的大部分内容，我们已经尽量避免让你查阅学术参考文献。不过，我们仍然在此整理了一份列表，这些文献详细地介绍了本书中的许多想法和算法。

- Feynman（1982），"Simulating Physics with Computers"
- Deutsch（1985），"Quantum theory, the Church-Turing Principle and the Universal Quantum Computer"
- Deutsch（1989），"Quantum Computational Networks"
- Shor（1994），"Algorithms for Quantum Computation: Discrete Log and Factoring"
- Barenco et al.（1995），"Elementary Gates for Quantum Computation"
- Grover（1996），"A Fast Quantum Mechanical Algorithm for Database Search"
- Brassard et al.（1998），"Quantum Counting"
- Brassard et al.（1998），"Quantum Amplitude Amplification and Estimation"
- Lloyd et al.（2009），"Quantum Algorithm for Solving Linear Systems of Equations"

你可以在 14.12 节中找到更多参考资料和资源。

14.7　竞赛：量子计算机与传统计算机

在讨论各种 QPU 应用时，我们经常饶有兴趣地比较 QPU 算法与传统算法的性能。尽管我们已经逐个进行了比较，但量子计算机和传统计算机的能力还可以从计算复杂性的角度进行有趣的比较。笼统地说，一个计算机科学问题的计算复杂性是由运行解决该问题的最高效算法所需的资源决定的。计算复杂性理论根据问题的计算复杂性来研究难题的分类[4]。例如，一些问题被分类为 P，这意味着找到问题的解所需的资源与问题的规模成比例，所需时间为多项式时间（例如矩阵对角化问题）。NP 是指一类问题的**正确解**可以在多项式时间内**检查**，但这些解不一定能在多项式时间内**找到**。这类问题有一个孪生类别，即 co-NP 问题，它对应的是问题的不正确答案可以在多项式时间内得到验证。例如，我们在第 12 章中讨论的质因数分解问题既属于 NP 问题，又属于 co-NP 问题——很容易检查一对数字是（或者不是）质因数，但找出它们很难。不管 P=NP 是不是臭名昭著的待定问题，它都是非常出名的，这要归功于流行文化的多次提及，以及一个小原因：100 万美元的奖金在等待着任何能够解决这个问题的人！基于充分的理由，人们普遍怀疑这两类问题是不相等的。第 10 章提到的 NP 完全问题在某种意义上就是最难解的一类 NP 问题。NP 类别中的任何其他问题都可以归类为这类 NP 完全问题。如果能找到任何 NP 完全问题的多项式时间解，那么所有 NP 问题也将在多项式时间内解决，类别也将变为 P。

人们之所以对量子计算感兴趣，主要是因为它似乎能够降低某些问题的计算复杂性。请注意，这不是对所有传统计算问题的全面加速，目前已知只有某些类别的算法能够尝到量子加速的"甜头"。这种降低既可以是多项式的（如从高阶多项式到低阶多项式），就像我们在第 10 章中看到的 3-SAT 问题一样，也可以是超多项式的（如从指数到多项式），就像大数分解一样。量子计算机可以在哪些地方提供超多项式加速呢？其实既属于 NP 类别又属于 co-NP 类别的问题拥有指数级加速 QPU 算法的嫌疑最大（开个玩笑），而且事实上，获得这种加速的大多数算法确实属于这两个类别的交集。

第 13 章提到的另一个重要发展情况也值得再次强调一下。在针对这些问题开发出量子算法之后，出现了许多完全属于传统算法、但受到量子启发的算法。因此，对量子算法的研究和理解也可以推动传统算法的进步！

14.8　基于 oracle 的算法研究

最早的 3 种量子算法在量子计算机上的速度比在传统计算机上要快，这需要调用 oracle。oracle 提供有关变量或函数的信息，而不显示变量或函数本身。这些早期算法的任务是在尽可能少的调用中确定 oracle 使用的变量或函数。在这样的问题中，所需的 oracle 调用数量（以及这个数字如何随问题规模而变化）通常被称为**查询复杂性**（query complexity）。

注 4：若想详细了解分类情况，请搜索 "Complexity Zoo"。

虽然这些算法没有提供有用的计算优势，但它们在量子计算的发展中至关重要，这是因为它们使人们了解了量子计算机的能力，并最终激励彼得·舒尔等研究人员开发出更有用的算法。由于在教学和历史上的重要性，我们在这里简要地提到了这些早期算法，现在这几个算法都因其发明者的名字而为人所知。

你可以通过本书提供的 QCEngine 代码来探索这些具有开创性的量子算法。

14.8.1　Deutsch-Jozsa算法

oracle

　　输入一个 n 位的二进制字符串，并输出一位，这个输出是将函数 f 应用于二进制字符串的结果。oracle 保证函数 f 要么是恒定的（在这种情况下，输出总是相同的），要么是平衡的（在这种情况下，输出 0 和 1 的数量是相同的）。

问题

　　尽可能少地对 oracle 进行查询，以判断 f 是恒定的还是平衡的。

查询复杂性

　　一般需要对 oracle 进行 $2^{n-1}+1$ 次查询，以确定函数的性质。使用 QPU，我们可以在一次量子查询中解决零错误概率的问题！

14.8.2　Bernstein-Vazirani算法

oracle

　　输入一个 n 位的二进制字符串 x，并输出一个二进制数。输出由 $\sum_i x_i \cdot s_i$ 得出，其中 s 是 oracle 使用的秘密字符串。

问题

　　找到秘密字符串 s。

查询复杂性

　　一般需要 n 次 oracle 查询，每次查询学习一个输入位。然而，使用 QPU，我们可以用一次查询就解决这个问题。

14.8.3　Simon算法

oracle

　　输入一个 n 位的二进制字符串 x，并输出一个整数。所有可能的输入字符串都通过一个秘密字符串 s 配对，这样一来，两个字符串 (x, y) 当且仅当 $y = x \oplus s$（其中 $\oplus$ 表示按位模 2 加）时将产生相同的输出。

问题

　　找到秘密字符串 s。

查询复杂性

　　传统的确定性算法至少需要 $2^{n-1}+1$ 次 oracle 查询。通过使用 Simon 算法，找到解的调用次数 n 将是线性增长的，而不是指数增长。

14.9　量子编程语言

到目前为止，我们还没有谈到的一个话题就是量子编程语言，即专门根据量子计算的特点开发的编程语言。对于已谈到的应用程序和算法，我们已经用基本的 QPU 运算（类似于传统的二进制逻辑门）进行了描述，并用传统的编程语言对运算过程进行了编排和控制。采取这种做法有两个原因。首先，我们的目标是让你亲自体验 QPU 的能力。在撰写本书时，量子编程还是一个刚刚起步的领域，没有现成的通用标准。其次，除了本书，其他图书、课程讲义和在线模拟器等可用的量子计算资源大多也以我们在书中重点探讨的基本 QPU 运算为基础。

在量子编程开发技术栈中，**量子编译**（quantum compiling）是近年来备受关注且不断发展的一个领域。由于量子纠错码的特性，一些 QPU 运算（如 HAD）比另一些 QPU 运算（如 PHASE(45)，也被称为 T 门）更容易以容错的方式实现。找到满足这样的实现约束、又不会影响 QPU 加速优势的方法来编译量子程序，是量子编译要完成的任务。关于量子编译的文献经常提到程序的 **T 计数**（T count），这指的是所需的难以执行的 T 门的总数。还有一个常见的话题，那就是**魔法态**（magic state）[5] 这种特殊量子态的制备和提纯。当制备妥当时，它能帮助我们实现难以捉摸的 T 门。

在撰写本书时，传统计算专家的成果对量子编程语言和量子软件工具链的研究有极大裨益，特别是在调试和验证领域。下面列出了这个主题的一些优秀的参考文献。

- Huang and Martonosi（2018），“QDB: From Quantum Algorithms Towards Correct Quantum Programs”
- Green et al.（2013），“Quipper: A Scalable Quantum Programming Language”
- Altenkirch and Grattage（2005），“A Functional Quantum Programming Language”
- Svore（2018），“Q#: Enabling Scalable Quantum Computing and Development with a High-Level Domain-Specific Language”
- Hietala et al.（2019），“Verified Optimization in a Quantum Intermediate Representation”
- “Qiskit: An Open-source Software Development Kit (SDK) for Working with OpenQASM and the IBM Q Quantum Processors”
- Aleksandrowicz et al.（2019），“Qiskit: An Open-source Framework for Quantum Computing”

注 5：魔法态是量子计算中的一个术语，当然它也是一个神奇的术语。

14.10 量子模拟的前景

在撰写本书时，量子模拟被认为是量子计算的杀手级应用。实际上，已经有一些量子算法被建议用来解决传统计算机难以解决的量子化学问题。以下列出使用量子模拟程序可以解决的一些问题。

固氮作用
> 找到一种能在室温下把氮转化为氨的催化剂。这一过程可用于降低化肥成本，从而解决一些国家的饥饿问题。

室温超导体
> 找到一种室温超导体材料。这种材料能够几乎没有损失地传输电力。

固碳酶
> 找到一种从大气中吸收碳的固碳酶，从而减少二氧化碳的含量，减缓全球变暖。

显然，量子计算机在社会变革和经济变革中所具有的潜力是其他大多数技术无法比拟的，这也是人们热衷于实现这项技术的原因之一。

14.11 纠错与NISQ设备

本书中对 QPU 的运算、原语和应用的讨论都假设或模拟了**纠错量子比特**（也称为逻辑量子比特）的可用性。与传统计算一样，寄存器和运算中的错误会很快破坏坏量子计算。为了抵消这种影响，人们对量子纠错码进行了大量的研究。量子纠错研究中的一个显著的成果是**阈值定理**（threshold theorem），它表明如果 QPU 中的错误率低于某个阈值，那么量子纠错码能够以很小的计算开销来抑制错误。由于 QPU 应用仅在这种低噪声条件下才能保持其相对于传统应用的优势，因此人们可能需要纠错量子比特。

不过在撰写本书时，还有一种趋势是寻找即使在**噪声中型量子**（Noisy Intermediate-Scale Quantum，NISQ）设备上运行，也能比传统计算机速度更快的 QPU 算法。据了解，这些设备由不经过纠错的噪声量子比特组成。成功的希望在于算法本身能够对 QPU 噪声具有内在的容错能力。但是在 2019 年前后，我们还没听说过有这样的算法可用。

14.12 进一步学习

在本书中，我们希望帮助你建立起对 QPU 的直观理解，以进一步探索量子计算这个迷人主题。在现有基础上，本节列出了一些参考文献，来加深你对 QPU 的理解。注意（我们并非要劝返你），这些参考文献大多使用线性代数和其他高等数学知识，而这些正是我们在本书中试图避免的。

14.12.1　出版物

- *Quantum Computation and Quantum Information*
- *Quantum Computer Science: An Introduction*
- *Quantum Computing Since Democritus*[6]
- *Classical and Quantum Computation*
- *The Theory of Quantum Information*
- *An Introduction to Quantum Computing*
- *Quantum Information Theory*

14.12.2　课程讲义

- Aaronson，lecture notes on Quantum Information Science
- Preskill，lecture notes on Quantum Computation
- Childs，lecture notes on Quantum Algorithms
- Watrous，lecture notes on Quantum Computation

14.12.3　在线资源

- Vazirani，Quantum Mechanics and Quantum Computation
- Shor，Quantum Computation
- Quantum Algorithm Zoo

注 6：这本书的中文版由人民邮电出版社有限公司出版，详见 ituring.cn/book/1328。——编者注

关于作者

埃里克·R.约翰斯顿（Eric R. Johnston）是 QCEngine 模拟器的创建者，也是一名杂技演员和竞技体操运动员。作为工程师，他最看重惊喜和奇思妙想。埃里克在美国加州大学伯克利分校学习了电气工程和计算机科学，随后在英国布里斯托大学量子光子学中心担任量子工程研究员。此外，他还在卢卡斯影业做了 20 年的软件工程师，从事电子游戏开发和电影特效工作，偶尔还会进行动作捕捉特技表演。目前，他在硅谷担任高级量子工程师。

尼古拉斯·哈里根（Nicholas Harrigan）是物理学家、程序员和容易激动的科学布道者。他在英国伦敦帝国理工学院获得了博士学位，研究方向为量子计算和量子力学基础。他在量子力学方面的工作勉强使他相信，当他不看月球时，月球仍然在那里。之后，尼古拉斯在英国布里斯托大学工作，担任数据科学家和教师。目前，他在一家量子计算初创公司担任量子架构师。尼古拉斯还热衷于攀岩，他从 Unix 的 yes 命令中找到了持续下去的动力。

梅塞德丝·希梅诺-塞戈维亚（Mercedes Gimeno-Segovia）是量子物理学家，她的主要科学目标是开发下一代量子技术。梅塞德丝一直对传统计算机的内部工作机制很感兴趣，并决定将这种兴趣与她对量子物理的热情结合起来。由于在第一个与硅工业兼容的光量子体系架构方面做出的成绩，她获得了英国伦敦帝国理工学院的博士学位。作为 PsiQuantum 公司的量子架构主管，她正在设计一款通用量子计算机。当不思考物理问题时，梅塞德丝会拉小提琴、跑步（最好是在小路上）和阅读。

关于封面

本书封面上的动物是麝香章鱼（musky octopus，学名是 Eledone moschata），这是一种生活在地中海和西欧沿海水域最深 400 米处的海洋生物。

光滑的皮肤和麝香的气味使得麝香章鱼很容易识别。如封面图片所示，它的皮肤为浅褐色至灰褐色，并有深棕色斑点。在夜晚，它的这些触手的边缘会出现一道蓝边。麝香章鱼的八条触手相对较短，只带有一排吸盘。

与其他章鱼不同，麝香章鱼主要在岩石缝隙或植被中藏身，它在大陆台地的沉积物中钻洞。

麝香章鱼是肉食动物，在它鹦鹉般的嘴的帮助下，主要以甲壳类动物、软体动物和小鱼为食。它的虹吸管，或者说漏斗管，使得它能够推动自己追逐猎物或远离捕食者，还能喷射出黑色墨汁来防御捕食者。

虽然人们认为麝香章鱼目前处于无危状态，但 O'Reilly 图书封面上的许多动物濒临灭绝，它们是这个世界所剩无几的瑰宝。

封面图片由 Karen Montgomery 基于 Dover's *Animals* 上的黑白版画绘制。

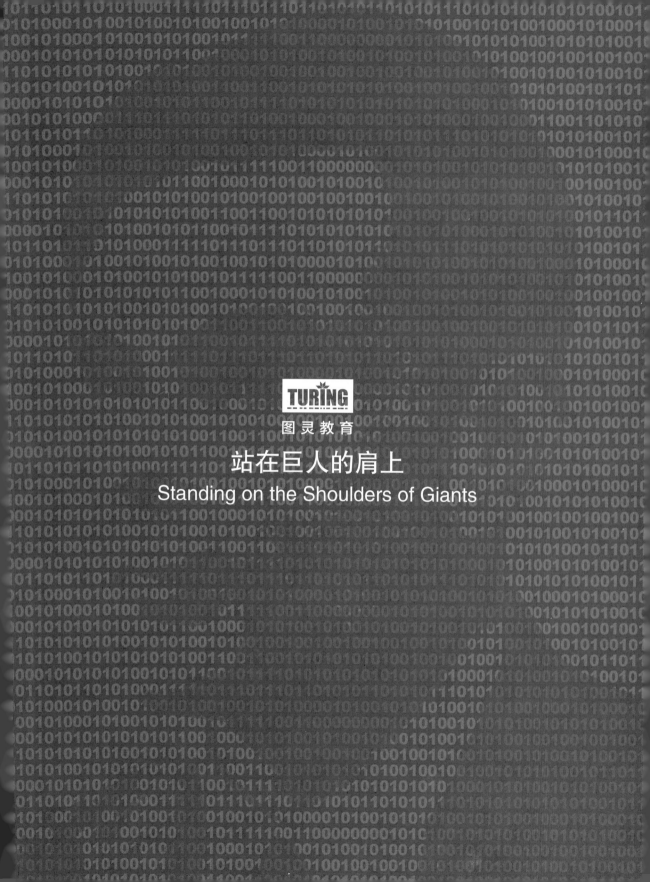

TURING

图灵教育

站在巨人的肩上
Standing on the Shoulders of Giants

TURING

图灵教育

站在巨人的肩上

Standing on the Shoulders of Giants